7

32026

ANALYSE

DE

NOUVEAUX ÉLÉMENS

D'ASTRONOMIE PHYSIQUE,

Dédiée

A LA JEUNESSE FRANÇAISE;

PAR BERNARD DE VINCENS.

> Si la terre était immobile, tous
> les mouvemens des astres seraient
> réels, seraient tels que nous les
> voyons : sa mobilité seule produit
> toutes leurs illusions ou mouve-
> mens apparens.

A PARIS,

CHEZ L'AUTEUR, QUAI BOURBON, N° 45,

ILE SAINT-LOUIS.

1829.

Si je n'avais à répéter que ce que d'autres ont dit, et dit mieux que je ne pourrais le redire, je me tairais ; mais n'ayant de but que d'être utile à la partie des sciences qui occupent ma vie, j'appelle la critique la plus sévère sur le fond de mon travail. Quant à la forme, j'ai cherché à me faire comprendre.

A LA JEUNESSE FRANÇAISE.

Jeunesse studieuse, qui appartenez plus particulièrement à ce siècle que j'ai vu si brillamment commencer, et si vite réparer les maux incalculables, suite de cet esprit de désordre et d'erreurs opposées, qui a régné constamment les dix dernières années du dernier siècle, siècle que vous ne pouvez connaître que par les traditions des contemporains, ou par l'histoire, toutes deux encore trop modernes pour être sans esprit de parti, et par conséquent pour n'être pas souvent fallacieuses; *sachez que pour bien apprendre, il faut savoir, il faut pouvoir enseigner.*

Si tant de savans sont sortis de la congrégation cosmopolite et monacale des jésuites, et de la congrégation libre de l'Oratoire, c'est que presque tous ceux qui s'y sont illustrés par leur savoir, après avoir fait d'excellentes études dans leur adolescence, étaient employés aussitôt, pendant leur jeunesse, à professer, en suivant leurs élèves, en remontant avec eux de classe en classe, redoublant leurs études en les professant.

Et dans l'antiquité, comme dans les temps modernes, les grands hommes, en fait de sciences, en ont été professeurs.

Une étude trop tardive de l'astronomie me borne à offrir à vos jeunes talens une nouvelle méthode, qui, j'ose en flatter ma vieillesse, doit vous faire profiter plus vite des ouvrages et des leçons de nos illustres maîtres.

Si, sous ce rapport, mon travail vous est utile, ces derniers sons seront pour moi le chant du cygne.

De Vincens.

NOTE DE L'AUTEUR

SUR CETTE ANALYSE.

— —

J'ai cru devoir faire précéder par cette Analyse l'impression d'un ouvrage assez volumineux, intitulé : *Nouveaux élémens d'astronomie physique*, dont elle précise les principes et le but.

Le but est d'anéantir entièrement *la méthode générale et vicieuse* qui enseigne, comme élément du mouvement réel des astres, le système dit de *Ptolémée*, regardé faussement comme enseignant le *mouvement apparent des astres*, tandis qu'il n'en présente ni l'apparence ni la réalité, qu'il est uniquement établi sur une foule de suppositions absurdes, inventées pour étayer le mouvement propre des planètes; *impossible avec l'immobilité de la terre, base de cet absurde système*, enseigné pendant quatre mille ans; mais avec de perpétuels changemens, de continuelles additions, et toujours attaqué par de nouveaux systèmes et par les doutes constans de ses partisans mêmes (1).

(1) Tout le monde connaît le propos de ce roi de Castille (Alphonse X), qui, frappé des absurdités d'un tel système, qu'il regardait comme vrai, disait: « Si Dieu m'avait appelé à son conseil, les choses eussent été dans un meilleur ordre. »

C'était son intelligence, et non Dieu, qu'il fallait accuser. C'est ce que prouve aujourd'hui la connaissance du mouvement réel des astres.

vj

La nécessité de comparer le mouvement réel, rappelé par Copernic, avec le système de Ptolémée, seul enseigné alors, afin d'établir par cette comparaison le mouvement réel par l'anéantissement de l'ancien système, a pu seule introduire l'*habitude erronée* de l'enseigner comme élément de celui qui l'anéantissait, et dont il ne fait aujourd'hui que prolonger et obscurcir l'étude, en empêchant ses progrès, et en renfermant cette science dans un trop petit nombre de savans.

Quelque certain que je sois de la supériorité de la méthode que je propose, j'ai voulu, avant que de la publier, connaître le jugement qu'en porteront les savans et le public, d'après l'Analyse de ses principes.

En devenant auteur à soixante-sept ans, je n'aspire qu'à la gloire d'ouvrir une carrière plus facile à l'étude de la première des sciences, la première nécessaire à nos pères nomades, à nos pères pasteurs, n'ayant d'autres guides que le soleil et les étoiles, pour parcourir la terre, et pour se retrouver, avant de s'être rassemblés dans des villes, avant de s'être soumis à d'autres lois qu'à celles du chef de la famille (1), principe de toute monarchie, le

(1) La plupart des savans regardent l'astronomie, dans l'origine, comme une science de pure curiosité. Je crois que c'est une erreur. Les fruits sauvages des arbres, la chair et le lait de leurs troupeaux, la chasse et la pêche devaient fournir une nourriture abondante aux premiers habitans de la terre ; mais sans route, sans chemins, c'étaient les astres seuls qui les guidaient dans leurs courses et leur retour, soit la nuit, soit le jour.

L'astronomie fut donc pour eux la science la première nécessaire, et, par conséquent, la plus généralement cultivée.

Je crois, avec l'illustre et malheureux Bailly, que cette science était perfectionnée avant le déluge ; qu'il est impossible, que du déluge à Moïse, on ait divisé le ciel en quarante-huit constellations,

plus ancien par conséquent des gouvernemens. Le despotisme des premiers rois fit inventer le gouvernement républicain : remontez à l'origine des Grecs et des Romains et aux révolutions de tous les empires; une constitution est encore plus utile aux rois qu'aux peuples.

Cette science étant absolument nécessaire à l'étude de la géographie, puisque la division du ciel, faite de dessus la terre, a été rapportée sur la terre, qu'elle divise de la même manière, il est étonnant qu'elle soit ignorée d'un aussi grand nombre. J'ai pensé qu'en rendant ses élémens plus faciles, c'était le moyen de la généraliser davantage.

dont douze composent le zodiaque, partagé dans toute son étendue par l'écliptique, se coupant obliquement avec l'équateur du monde, partageant lui-même le ciel et la terre en deux hémisphères, nord et sud.

L'astronomie fut nécessairement inventée dans des temps plus heureux et plus longs que ceux qui suivirent la terrible catastrophe du déluge jusqu'à Moïse, auquel on attribue le livre de Job, plutôt apporté par lui de l'Orient, que composé par le gendre du grand-prêtre de Madian; génie étonnant, occupé à écrire les tables de la loi théocratique, que suit toujours un peuple existant, errant et dispersé dans tous les gouvernemens de la terre, et dont il fut le libérateur et le législateur; séparant, dans ses lois théocratiques, le *sacerdoce du gouvernement*. Ces lois sont conservées ainsi que le sacerdoce. Le gouvernement était déjà détruit quand le *divin législateur de la religion chrétienne* répondait aux prêtres et aux pharisiens lui demandant : — « *Est-il permis de payer l'impôt à César ?* — « Quelle effigie porte cette monnaie ? » — *Celle de César*, répondent-ils. — « Rendez donc à César ce qui est à César, et à Dieu ce qui est à Dieu. » C'était prédire aux Juifs la prise de Jérusalem par le fils de César, et l'entier anéantissement d'un gouvernement orgueilleux et sans force.

ANALYSE

DE

NOUVEAUX ÉLÉMENS

D'ASTRONOMIE PHYSIQUE.

CHAPITRE PREMIER.

—

DE LA MANIÈRE DONT L'ASTRONOMIE EST ENSEIGNÉE, ET COMMENT ELLE DEVRAIT ÊTRE ENSEIGNÉE.

—

ARGUMENT. Mouvement réel rappelé et non inventé par Copernic. — Le système de Ptolémée n'est ni mouvement apparent, ni mouvement réel ; il ne peut être enseigné que par *erreur d'habitude*, comme élément du mouvement réel. — Les apparences célestes nous font connaître les illusions des mouvemens opposés des astres et leur cause, et, par cette cause, leur mouvement réel.

L'Astronomie, ainsi que toute science quelconque, doit être enseignée par principes, par élémens, d'où doivent découler naturellement toutes ses parties, et se rattacher leur ensemble: oui, c'est la réunion des élémens, des principes, qui doit constituer une science, comme elle constitue un corps physique : des élémens étrangers à ce corps ne peuvent entrer dans sa composition,

I

ne peuvent en être parties constituantes ni inté-
grantes ; et c'est en Astronomie surtout, qu'il
faut aller du simple au composé, du connu à
l'inconnu : une marche opposée entretient encore
l'erreur dans les principes de cette haute science.

Or, la découverte du vrai mouvement des
astres, rappelé par Copernic mourant (1), (in-

(1) Ce mouvement des astres était enseigné, tel que Copernic
l'a rappelé, soixante ans avant Jésus-Christ. En voici la preuve
dans Lucrèce, livre Ier, traduction de Lagrange.

« En effet, gardez-vous de croire, ô! Memmius, avec quelques
» philosophes, que tous les corps tendent vers le centre du
» monde ; que l'univers n'a pas besoin d'être retenu par des chocs
» extérieurs, et qu'il n'est pas à craindre que les extrémités su-
» perieures ou inférieures s'échappent, ayant tous la même ten-
» dance vers un centre commun. Qui peut concevoir qu'un être
» se soutienne sur lui-même ; que, sous nos pieds, les corps pe-
» sans exercent leur gravitation en haut, et soient portés sur la
» terre dans une direction opposée à la nôtre ; comme nos images
» représentées dans l'eau ?

» C'est pourtant d'après de pareils principes qu'on explique
» comment *un monde d'animaux de toute espèce va et vient*
» *sous nos pieds, sans être exposé à tomber de la terre dans les*
» *régions inférieures ;* comme nous ne pouvons nous élever de
» nous-mêmes vers la voûte céleste, on ajoute que ces peuples
» voient le soleil quand les flambeaux nocturnes nous éclairent ;
» qu'ils *partagent alternativement avec nous les saisons de*
» *l'année ;* que leurs jours et leurs nuits ont la même durée que
» nos jours et nos nuits. »

Ne voilà-t-il pas le mouvement réel de Copernic ? On l'attribue
à Pythagore ; mais, ce qui est certain, c'est que *Philolaüs*, son
disciple, l'enseignait près de cinq cents ans avant notre ère, et le
passage de Lucrèce que je viens de citer, prouve qu'on l'enseignait
encore à Rome plus de quatre cents ans après ; mais les connaissances en physique n'étaient pas alors assez avancées pour conce-

certain du succès de ses observations, connais-
sant la force de l'habitude sur la réalité), dont
les premiers principes sont la mobilité *de la terre*
autour du soleil, *l'immobilité du ciel* et *du soleil*
relativement à son système planétaire ; ne peut
avoir pour principes, pour élément, le système
de Ptolémée, qui soutient *que la terre est immo-*
bile, et qui fait tourner autour d'elle *le ciel* et *le*
soleil ; mais tous deux en sens opposé l'un à l'autre ; ainsi que les planètes qui tournent comme
le soleil.

Ces suppositions de mouvemens opposés, sont
motivées sur d'autres] suppositions plus absurdes (1) et contraires à la fois.

A l'apparence (à l'exception du mouvement
apparent des étoiles fixes);

A la réalité (car le mouvement propre des
planètes ne peut avoir lieu avec l'immobilité de
la terre);

A toutes les lois de la physique, et par consé-

---

voir la réalité du mouvement des astres : tous paraissaient erronés
à Lucrèce ; et, cependant, *Virgile* le représente comme le plus
grand physicien de son temps, par ce vers des Géorgiques, et les
suivans :

Felix qui potuit rerum cognoscere causas.

. . . .

(1) Et d'autant plus absurde aujourd'hui, que nos savans ont
agrandi la physique de telle sorte qu'ils l'ont divisée eux-mêmes
en trois branches principales, qui en font autant de sciences particulières, qui se subdivisent encore.

quent à la raison, qui doit toujours guider l'homme, même dans ses hypothèses, afin de les bien concevoir et de les faire bien concevoir.

Au lieu de donner pour élémens d'Astronomie, un système *composé*, *fondé sur des suppositions sans apparence*, *sans analogie*, *n'étant appuyé sur aucun principe*, n'était-il pas plus naturel, marchant du simple au composé, du connu à l'inconnu, de donner pour principe à cette étude, la connaissance exacte des divers mouvemens apparens, produits sur la terre quand on se fait transporter d'un lieu à un autre dans une voiture, ou par terre ou par eau ?

Ces apparences de mouvemens terrestres, sont parfaitement analogues à celles que nous représentent les astres ; ces apparences terrestres sont aussi analogues avec leur station et leur rétrogradation.

Cette exacte analogie, entre toutes les apparences terrestres et célestes, prouve absolument *la mobilité de la terre*, seule cause physique des apparences célestes, comme la voiture quelconque, qui nous transporte d'un lieu à un autre, est la cause seule des mouvemens apparens terrestres ; et les uns et les autres se prouvent par les mêmes calculs, comme par semblables effets.

Comparons la méthode que l'on professe, que je déclare *fausse*, *inapplicable*, *inintelligible*, avec celle que je présente.

CHAPITRE II.

—

MÉTHODE ÉLÉMENTAIRE D'ASTRONOMIE GÉNÉRALEMENT
PROFESSÉE.

—

ARGUMENT. L'auteur choisit l'*exposition du système du monde*,
par feu M. le marquis Laplace, pour sujet de ses observations,
contre la méthode généralement adoptée pour enseigner l'astronomie.

Je choisis, pour faire mes observations contre
la méthode élémentaire généralement professée,
le savant ouvrage de l'illustre géomètre, feu
M. le marquis de Laplace, Exposition du système
du monde, 4e édition, in-8º, tome 1er, livre 1er.

Le premier chapitre nous présente avec vérité
les divers phénomènes des étoiles fixes, tournant
en masse autour de la terre, qu'elles enveloppent
de toute part.

Le second chapitre enseigne, pages 8 et suivantes :

« Que tous les astres participent au mouve-
» ment diurne de la sphère céleste ; mais que
» plusieurs ont des mouvemens propres, qu'il
» est important de suivre.

» Le soleil a un mouvement propre, *dirigé en*
» *sens contraire du mouvement diurne.*

» On reconnaît le mouvement (propre du so-
» leil) par les étoiles *situées sur la route du soleil,*
» *et qui se couchant un peu après lui*, se perdent
» bientôt dans sa lumière, et reparaissent ensuite
» avant son lever. Cet astre s'avance donc vers
» elles (vers les étoiles situées sur sa route, et
» qui se couchent un peu après lui), d'occident
» en orient (1).

» Lorsque le soleil a atteint par son mouve-
» ment annuel l'équateur, il le décrit à *fort peu*
» *près* par son mouvement diurne........ »

Dans le troisième chapitre, l'auteur explique
la mesure du temps, par les deux mouvemens
apparens du soleil, (illusions dues nécessairement à la mobilité de la terre) et il *établit ce*
principe fondamental de tout mouvement réel
quelconque.

---

(1) Cet ouvrage, écrit pour les savans qui ont appris l'astronomie par ces mêmes élémens, n'a pas d'amphibologie pour eux,
c'est un *langage d'habitude, et non d'exactitude*; mais celui qui
étudie l'astronomie, en lisant ce passage, ne dit-il pas:

« Si les étoiles sont situées sur la route du soleil, elles se mettent
» donc en route après lui; elles quittent la situation où le soleil les
» a trouvées sur sa route, pour aller après lui se coucher dans les
» mêmes régions du ciel, ou du même côté.

» Et comment ce soleil, qui se lève à l'orient et se couche à
» l'occident, peut-il s'avancer entre son coucher et son lever, vers
» les mêmes étoiles qu'il trouve sur sa route, et qui vont se cou-
» cher après lui ? »

« Un corps ne pouvant être en plusieurs en-
» droits à la fois, il ne parvient d'un endroit
» à un autre, qu'en passant successivement par
» tous les lieux intermédiaires. »

CHAPITRE III.

—

1re OBJECTION SUR LES PASSAGES CITÉS DE L'EXPOSITION DU SYSTÈME DU MONDE.

—

ARGUMENT. Un corps ne peut avoir deux mouvemens à la fois, et surtout deux mouvemens opposés. — L'habitude qui seule fait regarder le mouvement de Ptolémée comme élément du mouvement réel, met les professeurs en contradiction perpétuelle avec les principes du mouvement réel. — C'est le mouvement de la terre qui produit aux yeux de ses habitans, toutes les apparences célestes, comme le mouvement d'une voiture, pour ceux qu'elle transporte, produit les mêmes apparences sur tout ce qui l'environne.

Comment *le soleil qui,* d'après le principe fondamental, établi par l'illustre astronome, dans la dernière des citations que je viens de faire de son ouvrage, *ne peut être en plusieurs lieux à la fois, peut-il avoir deux mouvemens, et deux mouvemens opposés, dont l'un le porte à l'occident, et l'autre dans le même temps à l'orient ?*

Comment faire concevoir de prime-abord des élémens aussi contradictoires en fait, et totalement opposés au principe fondamental : *un corps ne peut être en deux endroits à-la-fois.*

Sont-ce des élémens établis par ces grands géomètres, toujours occupés à chercher la détermi-
nation de la quantité inconnue, par tous ses
rapports avec les nombres connus ?

Non, ce sont ceux qu'on leur a enseignés, et
que l'habitude professe : ainsi ce *rhéteur* qui ap-
prendrait lui-même à lire à son enfant, lui ap-
prendrait à épeler comme la maîtresse d'école
du coin de la rue : *effe, é, éme, fem; eme, e,
me; femme. Effe* n'est pas élément de la première syllabe du mot femme ; ces lettres pro-
noncées suivant leur dénomination particulière
feraient *effe eme ème*.

Dès 1780, (et il devait être antérieur), j'ai vu
un alphabet où la voyelle *e*, la seule des voyelles
qui ait trois consonnances, formait trois voyelles, e, é, è; où chaque consonne n'était pro-
noncée que par le son de l'e muet, auquel on peut
substituer le son plus articulé de toute autre
voyelle.

Cet alphabet était élémentaire ; mais l'habitude fait triompher *effe, ache, elle, eme*.

On peut dire de nos savans en général, le
contraire de ce que disait *maître Petit-Jean*, au
sujet de son plaidoyer : *ce que je sais le mieux,
c'est mon commencement.*

Moi, qui suis comme *Petit-Jean*, c'est le
commencement que je sais le mieux, et que je
voudrais rappeler à mes maîtres ; car tous ont

fait même observation, j'en suis sûr, en commençant l'étude de l'Astronomie. Moins vieux et plus savant, je mépriserais ou négligerais comme eux, peut-être, de jeter en arrière un regard qui retarderait ma course. Puisse ma vieillesse moins active, me faire travailler le premier utilement à perfectionner les élémens d'une science qui fait et fera l'occupation et le charme du reste de ma vie!

Les élémens que je repousse, ont été établis par la nécessité de démontrer les erreurs du système dit de *Ptolémée*, par comparaison avec le mouvement simple, naturel de chaque astre, connu par leur mouvement apparent dont il est l'opposé.

L'habitude de ce mode d'enseignement a fait regarder le mouvement composé de *Ptolémée* comme le mouvement apparent de chaque astre, et par conséquent comme élément du mouvement réel. Il le serait en effet, s'il était le mouvement apparent; il serait tout uniment ce que l'on voit: l'apparence n'a besoin d'explication que pour connaître par elle le mouvement réel: c'est cette erreur que je m'attache à anéantir (1).

Par l'erreur que j'attaque, les commence-

---

(1) L'on m'a objecté verbalement *qu'il fallait bien faire connaître le système des anciens* sur le mouvement des astres.

D'accord, très d'accord; mais *il ne faut pas l'enseigner comme élément du mouvement réel.*

mens de l'étude de l'Astronomie, qui, comme
ceux de toute science, devraient être les plus
simples, les plus intelligibles, sont au contraire
les plus composés, les plus obscurs, les plus con-
fus ; ils sont plus longs à enseigner que le mouvement réel, et quand le professeur a terminé
la partie du cours relatif à ce système de *Pto-*
lémée, il vous dit : *tout ce que je vous ai dit n'est*
pas vrai, c'est l'opposé.

Il se trompe encore, et trompe ses auditeurs
par cette assertion irréfléchie ; *car le mouvement*
propre des planètes devient vrai, aussitôt qu'en-
seignant le mouvement réel, il donne le mouve-
ment à la terre.

N'oublions jamais que c'est le mouvement de
la terre qui donne aux astres leurs mouvemens
apparens, qui nous ont trompés si long-temps ;
et que ces inconvéniens ne sont que l'opposé du
mouvement réel, mouvement simple, bien connu
(excepté dans ses momens de perturbation) et
en tout conforme aux lois de la saine physique.

Mais revenons au professeur qui a dit : *tout ce*
que je vous ai enseigné jusqu'à ce moment, est,
en tout, l'opposé de ce qui est.

Pourquoi donc, se dit l'auditeur en lui-même,
nous l'avoir enseigné comme vrai ?

L'auditeur aurait tort, si ce système était le
mouvement apparent ; mais ce système n'est
qu'une absurdité étayée sur des suppositions que

la physique ne peut adopter aujourd'hui. *Des épicycles, l'entraînement des planètes et du soleil par la sphère céleste étrangère à notre système planétaire, qui en est à des milliards de lieues.*

Je ne saurais trop le répéter : l'habitude en comparant le système de *Ptolémée* avec le mouvement réel des astres, aura trompé et consacré une erreur qui fait que les auditeurs des cours actuels d'Astronomie, *aures habent, audiunt, sed non intelligunt* : ils ont des oreilles, ils entendent, mais ne comprennent rien.

CHAPITRE IV.

RÉPONSE FAITE A CETTE MÊME OBJECTION DU CHAP. III DANS
PLUSIEURS ÉLÉMENS D'ASTRONOMIE.

ARGUMENT. Le mouvement dit *propre* du soleil, comparé à celui
d'une mouche qui se promène sur la circonférence d'une roue,
en sens contraire de sa rotation.

Des ouvrages plus étendus, sur les élémens de
ce système de *Ptolémée,* que le savant ouvrage
dont je viens de citer textuellement quelques
passages, ont cherché à justifier; à faire comprendre les deux mouvemens opposés du soleil,
par des comparaisons telles que celle-ci.

« Pour concevoir la possibilité du mouvement
» apparent, et du mouvement propre du soleil
» et des planètes, il faut bien observer que le
» soleil et les planètes participent au mouvement
» diurne de la sphère céleste; *mais qu'ils n'ont*
» *chacun que le mouvement opposé à ce mouve-*
» *ment général, qui leur soit propre.*

» Le mouvement d'orient en occident, est
» tout entier à la sphère céleste, qui entraîne le
» soleil et les planètes, en ne leur permettant
» chaque jour qu'un très-petit mouvement opposé

» au sien , puisqu'il va d'occident en orient !

» Par le mouvement propre, chaque astre ac-
» complit sa révolution sidérale, qui est son re-
» tour vers la même étoile fixe, (avec laquelle
» elle l'a commencé) en plus ou moins de temps,
» suivant son plus ou moins de vitesse , et la
» grandeur de son orbite.

» Pour bien comprendre ces deux mouvemens,
» supposez une mouche se promenant sur la cir-
» conférence d'une roue, à l'opposé de la rotation
» de cette roue, et vous concevrez facilement
» que le soleil et les planètes, entraînés par le
» mouvement de la sphère céleste, peuvent avoir,
» chacun en particulier, un mouvement opposé à
» celui-là qui n'est pas le leur. »

CHAPITRE V.

—

MA RÉPLIQUE A L'EXPLICATION DONNÉE DANS LE CHAPITRE
PRÉCÉDENT.

—

ARGUMENT. La mouche représente le soleil , mais rien ne représente la roue. — Démocrite croyait la *terre immobile*, et les mouvemens apparens des astres réels: il était conséquent. — Comparaison du mouvement des astres par les anciens. — Les cadrans solaires démontrent la translation et la rotation de la terre , par le mouvement apparent du soleil. — Ce sont les signes qui dépassent le soleil avec l'immobilité de la terre ; et le soleil qui est le jalon de la terre mobile. — Nature du vide des anciens. — Les anciens amalgamaient l'astrologie judiciaire avec l'astronomie ; c'est pourquoi ils donnaient une influence aux constellations sur les planètes. — L'attraction prouve nécessairement l'influence des constellations , des étoiles fixes , sur le système planétaire; mais nous ne pouvons en connaître les effets que comme résultat nécessaire des lois de l'attraction.

Je conçois très-bien la supposition et la possibilité du mouvement de la mouche , sur la circonférence d'une roue qui tourne à l'opposé du mouvement de celle-ci.

Mais je ne vois nullement d'analogie dans la comparaison. Comment le soleil et les planètes séparées (nous disent les mêmes auteurs dans les mêmes ouvrages) de la sphère céleste par des milliards de lieues, peuvent-ils représenter la mouche, et la sphère céleste la roue qui porte la mouche ?

Les anciens avaient senti la nécessité de cette explication, et ils en avaient donné plusieurs, fondées sur les connaissances physiques de leur temps, dont aucune ne peut être reproduite de nos jours ; mais les auteurs modernes n'en donnent aucune, ils se bornent à une comparaison qui n'en est pas une, puisqu'elle est sans analogie, qu'il lui manque l'*analogue* de la roue.

Démocrite, qui vivait cinq cents ans avant *Ptolémée*, avait rejeté le système qui porte aujourd'hui le nom de ce dernier ; il pensait avec raison, qu'avec *la terre immobile*, le mouvement apparent des astres était leur mouvement réel.

Je vais avoir recours à la traduction en vers de *Lucrèce*, par M. *de Pongerville*, le *Delille* du poète latin (Vᵉ livre), pour faire connaître d'une manière plus agréable à mes lecteurs, cette opinion de *Démocrite*.

« Des astres, nous dit-il (1), l'essor est limité :
» Plus ils sont rapprochés du centre de la terre,
» Plus leur course languit, plus leur éclat s'altère ;
» Ils ne peuvent des cieux suivre l'*entraînement*.
» Ainsi, l'astre des cieux roule plus *lentement* ;
» Et la douce Phébé, du monde (2) plus prochaine,
» Parcourt le firmament d'une marche incertaine ;

(1) Démocrite.
(2) De la terre.

» Lorsque son cours furtif semble à nos yeux surpris,
» Devancer le soleil aux célestes lambris :
» C'est lui-même, ce dieu, qui tour à tour la presse,
» L'évite, la poursuit, l'atteint, et la délaisse. »

Les anciens pouvaient faire la comparaison que j'ai repoussée, d'après l'état où était la physique à cette époque, et dont ils étaient soigneux d'appliquer les principes connus alors, à toutes leurs hypothèses ; hypothèses multipliées par les incertitudes nouvelles toujours produites par la fausseté et l'absurdité de ce système, basé sur des suppositions fausses.

Ils motivaient les mouvemens apparens et les mouvemens propres des planètes et du soleil, en disant :

« Les cieux transparens sont de cristal, chaque
» astre a le sien. Voilà la circonférence solide sur
» laquelle se promène le soleil, et chacune des
» planètes, à l'opposé de la marche de ce ciel
» qui l'entraîne, comme la roue entraîne dans
» son mouvement, la mouche qui se meut en
» sens contraire sur sa circonférence. »

Ils les motivaient encore ainsi :

« Les constellations ardentes (*signa fervida*),
» les étoiles fixes, qui composent la sphère cé-
» leste, opposent plus de résistances au mou-
» vement propre des planètes supérieures, plus
» rapprochées de la *terre immobile, centre de*
» *l'univers ;* c'est par cette raison, que les pla-

2

» nètes ont d'autant plus de vitesse dans leur
» mouvement propre, à mesure qu'elles s'éloi-
» gnent de la sphère céleste (1). »

A ces motifs, conformes au peu de connaissances des anciens, faisons observer encore qu'*ils
croyaient au vide dans l'espace ;* mais non pas au
vide de *Newton,* qui isole dans un désert *de
rien*, les planètes solitaires.

Ils croyaient que le vide existait entre les atômes qui remplissent l'espace sans limites. Ils
avaient eu recours au vide, pour favoriser le

---

(1) Cette influence de la sphère céleste, des constellations sur
le mouvement des planètes, devait tenir à l'*astrologie judiciaire,*
amalgamée par les anciens avec l'astronomie. Au surplus, d'après
les lois de l'attraction, les étoiles fixes influent nécessairement sur
notre soleil et sur notre système planétaire. *Tous les corps s'attirent réciproquement, mais en raison directe des masses, et en
raison inverse du carré des distances.* D'après cette loi, supposons que la terre n'attire qu'à trente-cinq millions de lieues la masse
du soleil, qui est plus de trois cent mille fois plus considérable, le
soleil étendra sa propriété attractive plus de trois cent mille fois
l'étendue de l'attraction de la terre, ou plus de dix fois cinq cents
milliards de lieues. Cette propriété est diminuée, il est vrai, par ce
qu'en absorbe son système ; mais celle de la terre est diminuée aussi
par la *lune*, par *Vénus, Mercure et Mars*, quand ils sont dans son
rayon de trente-cinq millions de lieues. Or donc, le soleil étend
son attraction bien avant dans cette sphère céleste sans limites. Et
si le soleil, comme le conjecturent les savans astronomes, *est une
des plus petites étoiles fixes*, par combien d'étoiles et de constellations notre système planétaire n'est-il pas attiré? Mais on ne
connaîtra jamais les effets de cette attraction, *parce que la raison
inverse des distances* borne nos connaissances, nos observations,
à l'attraction réciproque des corps qui composent notre système.

mouvement de ces atômes , qu'ils croyaient impossible autrement.

Ils ne connaissaient pas l'élasticité sans bornes
connues de nos molécules ou de nos atômes ;
c'est-à-dire des molécules *des gaz*, qui composent notre atmosphère ou notre air , *ayant des
propriétés répulsives, sans qu'on leur en ait reconnu d'attractives* (1).

Les progrès de la physique ne permettent plus
aujourd'hui d'appuyer la comparaison du mouvement propre du soleil et des planètes , avec
celui de la mouche , par de telles analogies. Or ,
si *la terre était immobile*, le mouvement propre
des astres , comme le pensait *Démocrite*, serait
leur mouvement apparent, le mouvement seul de
la terre produit leurs illusions, qui nous font connaître à la fois leur mouvement réel , celui de la
terre , et l'immobilité des étoiles fixes et du soleil,
relativement à toutes les planètes , et par conséquent à *la terre*, qui n'est qu'une planète.

---

(1) « Ce qui distingue l'air des liquides, c'est que ses molécu-
» les, au lieu de s'attirer, sont au contraire dans un état continuel
» de répulsion. C'est là , en effet , le grand caractère des fluides
» élastiques. » (*Cours de M. Gay-Lussac*, leçon 8, samedi 1er dé-
» cembre 1827, page 114.)

CHAPITRE VI.

—

2ᵉ OBJECTION SUR LES CITATIONS DE L'EXPOSITION DU
SYSTÈME DU MONDE DANS LE CHAP. II.

ARGUMENT. Mouvement des étoiles qui ont en vingt-quatre
heures quatre minutes de vitesse sur celui du soleil. — Il sert à
régler la pendule astronomique. — C'est la différence du mouvement apparent du soleil, quand on a reconnu la mobilité de
a terre, avec celui des étoiles, qui divise les saisons et le temps
en année. — Son mouvement apparent d'orient en occident,
par son ombre sur les cadrans solaires, divise aussi le temps en
heures, en fractions d'heure, en jours et en mois, et en saisons. — Tous les mouvemens apparens sont réels, si la terre est
immobile : c'est un principe de physique incontestable.

Les étoiles se couchant le soir *après le soleil,
et se perdant bientôt après dans sa lumière, pour
reparaître quelque temps après avant lui le matin* (expressions citées de M. le marquis Laplace),
le font par l'effet de leur vitesse supérieure de
quatre minutes toutes les vingt-quatre heures, à
celle du soleil.

C'est ce qu'ont observé les astronomes, se ser-
vant pour leurs opérations d'une pendule réglée
sur le mouvement apparent des étoiles, comme

plus régulier que le mouvement apparent du
soleil.

D'ailleurs, c'est une erreur de dire que le mouvement dit *propre* du soleil, marque le mouvement annuel, avec *la terre immobile :* ce sont les
étoiles qui le marquent en dépassant le soleil , en
le laissant derrière elles, ou plutôt la terre par le
soleil, son point de mire , son jalon, comme celui de tout le système planétaire : mais le soleil
le marque, par l'accumulation de son mouvement
diurne d'orient en occident , sur la ligne méridienne, au moyen de *l'ombre raccourcie ou alon-
gée du gnomon* ou style de nos cadrans solaires,
ou par le trou qui remplace le gnomon , et par
lequel la lumière passe à midi, et dont le point
lumineux est chaque jour ou plus haut ou plus
bas sur la ligne méridienne.

Avec des cadrans solaires assez étendus , soit
verticaux , soit horizontaux , tous les jours le soleil divisera le jour , les heures , et marquera
l'année , et la divisera en saisons, par le raccourcissement ou l'alongement de l'ombre , avec
toutefois quelques incertitudes sur l'instant précis
de son arrivée à chaque solstice.

Mais , disent les auteurs des Élémens d'Astronomie, *le soleil parcourt les signes d'orient en
occident ;* et c'est par cette marche , que nous
appelons *selon l'ordre des signes* , que l'on cal-
cule l'année.

Encore une fois, *erreur d'habitude* dans la théorie, mais non pas dans la pratique. Si la terre est regardée comme immobile, je le répète, ce sont les signes qui rencontrent le soleil et qui le dépassent par leur vitesse.

Vérité d'apparence, d'illusion, si la terre est considérée en état de mobilité, parce qu'alors vous voyez le soleil au point opposé où se trouve la terre qui vous porte : ainsi de Montmartre vous voyez le Luxembourg vers l'Observatoire, et de l'Observatoire vous le voyez vers Montmartre.

M. Francœur, dans sa savante Uranographie, à laquelle je suis et serai encore redevable dans cette Analyse et dans l'ouvrage principal, dit, page 27 : « Si le soleil tourne en vingt-quatre » heures autour de nous, les étoiles situées à des » distances infinies, tourneraient aussi autour de » nous en vingt-quatre heures. »

Je renverse les deux fragmens de phrase, et je dis : *Si les étoiles tournent en vingt-quatre heures autour de la terre, le soleil et les planètes y tournent de même en vingt-quatre heures.*

Oui, je ne saurais trop le répéter, car c'est la base de la méthode que je présente : *Tous les mouvemens du soleil et des planètes,* que nous regardons comme apparens, seraient réels, si la terre était immobile ; ces apparences ne peuvent être des illusions que pour les habitans de la terre;

les habitans des autres astres , s'ils sont habités, *en ont de semblables , mais qui sont conformes au mouvement réel de l'astre qui les porte.*

Ce sont des vérités physiques que je vais démontrer, ayant prouvé, je crois, l'erreur générale qui a fait jusqu'à présent , à contre sens , du système de Ptolémée , le rudiment du mouvement réel des astres.

CHAPITRE VII.

ARGUMENT. Tous les mouvemens des astres ne sont que des illusions opposées à leur mouvement réel par l'effet du mouvement de la terre. — Comparaison de tous les mêmes mouvemens avec les mêmes effets, par semblable cause sur la terre. — Principe de physique avec la terre immobile. — Autre principe, conséquence du précédent. — Avec la terre immobile, *Vénus* et *Mercure* sont nécessairement satellites du soleil. — Point de mouvement sidéral avec la terre immobile, elle serait le seul repère qui existât dans l'espace. — C'est avec la terre immobile que toutes les planètes et le soleil seraient tour à tour en conjonction et en opposition. — Exposé du *système de Ptolémée*. — Exposé du *système Tycho-Brahé*. — Exposé du mouvement réel.

Les mouvemens des astres, les phénomènes célestes, tels qu'ils se montrent à nos yeux, ne sont que des illusions absolument produites par les deux effets du mouvement de la terre, pour les habitans de cette planète : comme je l'ai dit, *ces apparences sont semblables en tout à celles que nous présentent les objets immobiles et mobiles que nous voyons, d'un et d'autre côté de la voiture, soit par terre, soit par eau, qui nous transporte d'un lieu dans un autre.*

Observons, en nous supposant sur l'une ou l'autre de ces voitures, quelles sont les diffé-rences dans les mouvemens apparens qu'elles produisent *aux yeux seuls de ceux qu'elles trans-portent :*

1º Sur les objets immobiles, tels que le sol, les arbres, et les divers édifices élevés sur ce sol.

2º Sur les objets en mouvement réel, sur ce même sol (1).

Le résultat de ces observations sera le secret du mouvement des astres, *physiquement* et *ma-thématiquement prouvé* par l'analogie la plus exacte en fait et en calcul.

Mais fixons d'abord un principe incontestable :
Si la terre était immobile, si tous les astres,

_____

(1) La première partie de ma comparaison a été faite par M. le marquis Laplace, dans l'ouvrage cité, livre 2, chap. 1er, p. 182 : « Entraînés par un mouvement commun à tout ce qui nous en-» vironne, nous ressemblons au navigateur que le vent emporte » avec son vaisseau sur les mers.... etc. »

Mais l'auteur cité, ni aucun autre que je sache, ne se sont oc-cupés à faire la comparaison du mouvement apparent des astres qui ont un mouvement réel, avec les objets mobiles sur la terre, quand on est placé sur un objet en mouvement, tel qu'une voiture quelconque ; et puis, la comparaison citée est trop succincte pour une base fondamentale, pivot de toute l'astronomie : *le mouve-ment apparent est le pivot de toute l'astronomie, son premier élément, la clé du mouvement réel des astres.*

sans exception, étaient en mouvement autour
d'elle, elle serait le seul repère, le seul point de
mire, le jalon universel de tous les astres, d'où
on pourrait l'apercevoir. Les astres auxquels
sa petitesse et leur éloignement la rendraient invisible, n'en auraient point, puisque seule dans
l'espace visible pour nous, elle nous paraît immobile.

Un autre principe, conséquence forcée du précédent :

C'est que tous les astres tournant autour d'elle,
excepté les satellites qui tournent autour de la
planète principale, qui les entraîne dans son
mouvement autour de l'astre central, aucun n'a-
cheverait leur révolution entr'eux, qu'après l'a-
voir achevée auparavant autour de la terre immobile.

Et les satellites des planètes et du soleil (dans
la supposition de la terre immobile, *Mercure* et
Vénus, depuis Tycho-Brahé et *l'invention* des
télescopes, ne peuvent être que les satellites du
soleil), ne pourraient achever leur révolution
autour de l'astre central, *sans revenir au même
instant en conjonction inférieure avec cet astre
central.*

Avec la terre immobile, et la sphère céleste
en mouvement autour d'elle, il n'y a plus de
mouvement sidéral : les étoiles ne peuvent être
point de mire, jalon ou repère, que par leur im-

mobilité relativement aux planètes : *le point de mire ne peut être mobile.*

La terre immobile, est le seul point de mire de l'univers visible.

Mon raisonnement est loi, en physique et en géométrie, et il prouve physiquement et mathématiquement la mobilité de la terre, et l'immobilité relative du soleil et du ciel étoilé.

Mercure serait en conjonction tous les trois mois avec la terre, *astre central immobile*, de même que l'est tous les mois, la lune, satellite de la terre (mobile autour du soleil ; car pour la terre immobile et centrale, la lune n'est que la planète la plus rapprochée), et elle ne s'y retrouve que tous les quatre mois environ.

Vénus, de même que *Mercure*, satellite du soleil, si la terre était astre central et immobile, reviendrait en conjonction avec cette terre, tous les sept mois, en achevant sa révolution autour de son astre principal, et elle n'y vient que tous les dix-neuf mois.

Ces mouvemens, tels qu'ils sont, ne peuvent se faire ainsi, avec la terre centrale et immobile : *aucun satellite ne peut achever sa révolution autour de son astre principal, sans revenir en conjonction avec l'astre central et immobile pour tout le système.*

Donc la terre n'est pas immobile et centrale ; donc le soleil est l'astre central et immobile de tout le système planétaire.

Le calcul du mouvement de *Mercure* et de *Vénus*, et la figure de ses mouvemens, qu'on peut suivre sur la première planche où sont : 1re figure, le système de Ptolémée; 2e figure, le système de Tycho-Brahé; 3e figure, le mouvement réel; vont joindre à l'évidence mathématique, la preuve physique de ce que j'avance.

SYSTÈME DE PTOLÉMÉE.

1° La terre, centre et immobile.

2° La lune, 1re planète.

3° Mercure, 2e planète.

Nota. Les anciens, pour accorder la physique avec le mouvement des astres, avaient placé ainsi Mercure, parce que son orbite, bien moins grand que celui de Vénus, ne pouvait, par conséquent, le circonscrire.

4° Vénus, 3e planète.

5° Le soleil, 4e astre.

6° Mars, 5e planète.

7° Jupiter, 6e planète.

8° Saturne, 7e planète.

9° La sphère céleste, ou le ciel, ou les étoiles fixes.

La figure est divisée par les douze signes.

Tous les astres sont placés *sur zéro* du bélier, allant suivant l'ordre des signes, l'ordre de leur mouvement propre: les planètes inférieures seront en conjonction avec la terre et le soleil.

SYSTÈME DE TYCHO-BRAHÉ.

1º La terre, centre et immobile.

2º La lune, 1ʳᵉ planète.

3º Le soleil, 2ᵉ astre.

Mercure, son premier satellite.

Vénus, son second satellite.

4º Mars.

5º Jupiter.

6º Saturne.

La figure du système est également divisée par les douze signes.

Tous les astres sont également placés *sur zéro* du bélier, allant suivant l'ordre des signes, l'ordre de leur mouvement propre. Les satellites du soleil, *Mercure* et *Vénus*, sont en conjonction inférieure ; les planètes supérieures, en conjonction avec le soleil, et en opposition avec la terre, *astre central* et *immobile*, dont le soleil les éloigne.

MOUVEMENT RÉEL, RAPPELÉ, ÉTABLI PAR COPERNIC.

1º Le soleil, astre centre immobile, relativement à son système planétaire.

2º Mercure, 1ʳᵉ planète.

3º Vénus, 2ᵉ planète.

4º La terre, entourée par l'orbite de son satellite ou de la lune, 3ᵉ planète.

5º Mars, 4ᵉ planète.

6º Jupiter, 5ᵉ planète.

7° Saturne, 6ᵉ planète.

8° La sphère céleste, ou le ciel, ou les étoiles fixes immobiles.

La figure est divisée par les douze signes, toutes les planètes également placées sur zéro du bélier.

SYSTÈME DE PTOLÉMÉE. Planche 1ʳᵉ, figure 1ʳᵉ.

Maintenant suivons les mouvemens de Mercure et de Vénus, d'après le système de *Ptolémée*, et son plan sous les yeux, et assurons-nous s'il se fait autour de la terre, astre central et immobile, ou autour du soleil, seul astre central et immobile.

Mercure, partant de zéro du bélier, sur lequel sont placés tous les astres mobiles, retrouve le soleil vis-à-vis la même étoile, tous les trois mois.

Donc l'*étoile*, le *soleil* et *Mercure*, doivent avoir la même vitesse, pour partir du même point, et s'y retrouver ensemble tous les trois mois.

Cependant, un mois après, tous les quatre mois environ, *Mercure* et le *soleil* se retrouvent sur la même ligne avec la terre; mais l'étoile n'y est plus; elle ne s'y trouvera que deux mois après, tous les trois mois; et la terre ne reverra l'étoile, le soleil et Mercure, presque sur une même ligne avec elle, qu'après trois révolutions de Mercure, qui en aura fait quatre avec le *soleil* et l'*étoile*.

Comment peut-il se faire que l'*étoile mobile*, ainsi que le soleil en masse, ne retrouve la terre qu'une fois dans l'année, et qu'elle retrouve quatre fois Mercure et le soleil sur la même ligne, sans être revenu au même point de la terre immobile, qu'elle ne retrouve qu'en un an ?

Comment peut-il se faire que Mercure soit en arrière du soleil avant sa conjonction avec la terre immobile et centrale et le soleil ; et que cette planète le dépasse après la conjonction, se trouvant tous les quatre mois sur la même ligne que la terre, et tous les trois mois sur la même ligne avec l'étoile ? S'ils avaient *une vitesse concordante*, ils ne devraient jamais aller plus vite ni plus doucement l'un que l'autre.

Voilà des observations auxquelles il est impossible de répondre, avec le système de *Ptolémée*.

Tous les trois mois, Mercure et le soleil *sont sur ou bien près de zéro du bélier*.

Tous les quatre mois ils sont sur la même ligne avec la terre.

Et ce n'est que tous les ans, que le *soleil*, la *terre*, *Mercure* et l'*étoile*, se trouvent presque sur une même ligne.

Voilà qui est inexplicable par ce système.

Mais avant que de nous occuper à voir si ces observations peuvent s'expliquer par le système de *Tycho-Brahé*, suivons la marche de *Vénus* comme nous avons fait pour celle de *Mercure*, le système de Ptolémée sous les yeux.

Nous avons placé *Vénus* comme *Mercure*, et le *soleil* sur *zéro* du bélier; par conséquent, sur une même ligne avec *la terre immobile et centrale*, où tous les points de la circonférence céleste aboutissent également dans quatre ans.

Vénus reste sept mois pour faire sa révolution sidérale, pour revenir sur la même ligne avec *zéro* du bélier et le soleil; mais:

1° La terre où aboutissent tous les points de la circonférence céleste, ne s'y retrouve plus; *elle ne serait donc pas centrale et immobile?*

2° Comment le soleil et le bélier, qui restent un an à faire leur révolution autour de la terre, peuvent-ils parcourir leur cercle en sept mois, et ne pas se retrouver sur la même ligne avec la terre?

3° Comment le *soleil* peut-il se retrouver tous les trois mois sur la même ligne, avec le *zéro* du *bélier* et *Mercure*, et tous les sept mois avec *Vénus* et *zéro* du *bélier?*

4° Si le soleil ne parcourt qu'un signe tous les mois, dans trois mois il en parcourt trois, et non douze avec *Mercure*; dans sept mois, il en parcourt sept, et non douze, avec *Vénus*.

5° Enfin comment, si la terre est *centrale et immobile*, *Vénus* peut-elle parcourir deux fois la circonférence céleste, se retrouver deux fois

en quatorze mois sur la même ligne avec le *zéro*
du *bélier* et le soleil , et ne se retrouver entre
la *terre centrale* et le soleil , qu'*après dix-neuf*
mois , au septième signe , et non plus à *zéro du*
bélier, ou au premier signe?

Si l'on a suivi mon raisonnement (peut-être
trop prolixe), le plan du système de *Ptolémée*
sous les yeux, on se convaincra qu'on ne peut,
avec ce système, répondre à mes observations.

Voyons si l'on pourra le faire avec le système
de *Tycho-Brahé*, qui a perfectionné celui de
Ptolémée , en faisant de *Mercure* et de *Vénus,*
des satellites tournant autour du soleil , qui les
entraîne dans son mouvement autour de la *terre*
immobile et centrale , comme fait cette dernière
de la lune dans le mouvement réel.

Il l'a perfectionné encore , en mettant *Mer-*
cure à la place de *Vénus,* et celle-ci à la place
de *Mercure.*

SYSTÈME DE TYCHO-BRAHÉ, Planche Ire , figure 2e.

Par le système de *Tycho-Brahé*, la terre est
le centre des mouvemens de la lune, du soleil
et de la sphère céleste; mais le soleil est le
centre du mouvement de toutes les autres planètes.

1° Ces planètes , qui ont le soleil pour centre
de leurs mouvemens , sont considérablement
plus éloignées du centre de la terre, quand elles

sont en conjonction avec le soleil, que quand elles sont en opposition avec lui.

2° La terre étant le centre de la sphère céleste, les divisions de cette sphère en douze signes, se réduisent à zéro à ce centre ; il est le sommet des douze angles formés par l'aire de chaque signe.

Alors chaque planète a beaucoup plus d'espace à parcourir, pour traverser les signes, quand elles sont en conjonction, parce qu'elles sont plus rapprochées de la circonférence ou de l'ouverture de l'angle, que quand elles sont en opposition, où elles se trouvent rapprochées de la terre, centre de la sphère, et par conséquent plus rapprochées du sommet de l'angle qu'elles traversent.

Cette observation est une *vérité géométrique*.

D'après cette *vérité géométrique*, Saturne devrait rester beaucoup plus de deux ans et demi à traverser le signe en conjonction, et beaucoup moins de deux ans et demi, à traverser le signe en opposition.

Et de même, *Mercure*, satellite du soleil, par ce système, doit rester plus de six jours et demi, pour *traverser le signe en opposition*.

Il en est ainsi de toutes les autres planètes, ayant pris pour cette observation, la planète la plus rapprochée, et celle la plus éloignée du soleil.

Si les calculs de nos astronomes, publiés dans la Connaissance des temps, nous prouvent le contraire, en nous donnant la marche héliocentrique et géocentrique des planètes, jour par jour, mois par mois, signe par signe, donc que la terre n'est pas l'astre central ; et que si le système de *Tycho-Brahé* a perfectionné le système de *Ptolémée*, à l'égard de la position de *Vénus* et de *Mercure*, celui-ci lui est supérieur, relativement à leur éloignement du point central, quoique ce point ne soit pas la terre, et ce par rapport à leur mouvement, relativement à la division du ciel en douze signes.

Observons *Mercure* et *Vénus*.

1º Ces deux planètes tournant autour du soleil, en le suivant autour de la terre immobile, peuvent bien faire leur révolution autour de lui, en trois mois l'une, et en sept mois l'autre, quoique celle du soleil autour de la terre soit d'un an ; mais avec la *terre immobile*, elles doivent se rencontrer avec cette terre, en commençant et finissant leur révolution, l'une en trois mois, l'autre en sept mois.

C'est avec l'étoile mobile d'orient en occident, qu'elles ne pourront se rencontrer, l'une en trois mois, et l'autre en sept mois, si ce système n'était aussi erroné que celui de *Ptolémée*.

Ce système n'étant point enseigné, je ne m'y arrêterai pas davantage.

3.

Passons au *mouvement réel* : voyons si toutes mes observations s'expliquent et se prouvent mathématiquement et physiquement, ayant son plan sous les yeux.

MOUVEMENT RÉEL, Planche 1re, figure 3e.

Le soleil est immobile au centre de son système planétaire, où se réunissent tous les sommets des angles des douze signes.

La terre est entre *Vénus* et *Mars*, à la place où les deux systèmes plaçaient le soleil. La lune tourne autour de la terre, qui l'entraîne dans sa révolution annuelle autour du soleil.

Je suppose, comme je l'ai fait, tous les astres placés sur *zéro* du *bélier*; il ne s'agit de même que du mouvement de *Mercure*, de *Vénus* et de la *terre*, qui remplace le soleil.

Ces trois astres partent ensemble du même point du ciel immobile comme le soleil.

1° Mercure fait le tour du soleil, parcourt les douze signes, revient à *zéro* du bélier en trois mois; cette planète se trouve entre le soleil et le point zéro du bélier, lieu de son départ.

2° Mais la terre, qui met un an à parcourir les douze signes, à faire sa révolution autour du soleil, n'aura parcouru que trois signes, quand Mercure aura achevé de parcourir les douze.

Mercure ne s'arrête pas à zéro du bélier, il recommence sa révolution, parcourt douze signes en trois mois, il en parcourt donc quatre tous les mois; il rattrapera donc la terre, quand elle aura parcouru quatre signes.

Il se trouvera donc avoir fait quatre révolutions autour du soleil et de l'étoile, quand la terre en aura fait une, quand la terre se trouvera à peu près au même point de départ avec *Mercure*.

Voila les mouvemens apparens du *ciel*, du *soleil* et de *Mercure*, bien expliqués par le mouvement de la terre et l'immobilité du ciel et du soleil, centre de son système.

3° La même explication s'applique au mouvement réel de *Vénus* et de la terre.

Vénus reste sept mois à parcourir les douze signes.

Je la fais partir du bélier avec la *terre*, qui met un an à parcourir les douze signes; elle n'en aura donc parcouru que sept, quand *Vénus* aura parcouru les douze, quand *Vénus* se retrouvera sur la même ligne, entre le soleil et zéro du bélier.

Vénus recommencera sa révolution solaire. Dans sept mois, elle aura achevé cette seconde révolution, et se retrouvera de même, entre zéro du bélier et le soleil.

Mais la terre, qui n'avait parcouru que sept signes quand *Vénus* avait parcouru les douze, parcourant un signe tous les mois, après les sept mois où *Vénus* achève sa seconde révolution, elle

aura parcouru deux signes de plus , elle se trouvera à zéro du troisième signe , ou à la constellation des *gémeaux*, puisque le point du départ sup-
posé de tous les astres en observation est *zéro* , du
signe du *bélier*.

Elle n'aura que deux signes d'avance sur *Vénus*,
qui a cinq douzièmes de vitesse de plus qu'elle ;
Vénus la retrouvera donc au septième signe , ou
à sa *conjonction inférieure avec le soleil*, où elle se
trouve entre le soleil immobile et la terre mobile.

Si la terre était *immobile et centrale* , tous les
sept mois la conjonction aurait lieu, *Vénus* n'é-
tant alors qu'une des deux lunes, ou satellites du
soleil.

Semblables effets , semblables calculs sur les
trois plans, ont lieu pour les planètes supérieures,
ainsi que je le démontrerai , les trois plans sous
les yeux , et la Connaissance des temps à la main.

Mais je me borne pour le moment, à cette preuve
géométrique et *physique* du mouvement de la
terre, *plus sensible , plus évidente que celle de l'a-
berration des étoiles , due au mouvement de la
terre , qui fait décrire à l'image qui nous vient de
l'étoile , une ellipse de* 4o " *de diamètre.*

Je vais prouver actuellement le même mouvement de la terre, par l'analogie parfaite qui existe
entre tous les phénomènes , toutes les apparences
célestes: *mouvement des astres d'orient en occident , station , accélération du mouvement des*

planètes (qui est leur rétrogradation par le mouvement propre) avec les *apparences terrestres*
des objets immobiles et mobiles, quand nous sommes transportés d'un lieu à un autre , par une voiture , ou par terre ou par eau.

Ces apparences terrestres sont dues à l'effet du
mouvement , auquel nous participons, sans participer à l'action : de même la terre nous transporte , nous participons à cet effet , principale-
ment par rapport à l'augmentation et à la diminution de la lumière et de la chaleur que nous
donne le soleil , et à la vue du mouvement et des
astres et des nuages, sans participer à l'action de
son mouvement, que nous ne pouvons connaître
que par les illusions que nous présentent les mouvemens des diverses voitures qui nous transpor-
tent sur la terre, d'un lieu à un autre.

CHAPITRE VIII.

MOUVEMENT APPARENT DES OBJETS TERRESTRES IMMOBILES,
QUAND NOUS VOYAGEONS PAR UNE VOITURE, SOIT PAR TER-
RE, SOIT PAR EAU.

ARGUMENT. Toute voiture quelconque qui sert à nous transporter
d'un lieu à un autre, communique, pour nos yeux, son mouvement, mais en sens opposé, à tous les objets environnans. —
C'est ce même mouvement que la terre, qui nous transporte
dans l'espace, communique aux astres, aux yeux de ses habitans. — L'étendue de la terre, sa convexité, ne nous fait connaître son mouvement que par analogie, par comparaison. —
L'homme seul peut comparer et juger; les lois de la nature
sont celles des sens, elles ne sont pas faites pour lui, Dieu lui
a donné l'intelligence et la raison, pour être son propre législ-
lateur. — Paradoxe : *la rotation et la translation de la boule
ne sont qu'un seul et même mouvement.*—Toute comparaison
veut une analogie parfaite entre les choses comparées. — L'a-
berration des étoiles est le même effet pour les étoiles que ce
qu'on appelle le mouvement propre du soleil, excepté que le
soleil est en dedans de la circonférence de la terre, et que l'é-
toile est en dehors.

Tout observateur transporté par une voiture,
soit par terre, soit par eau, voit des deux côtés de
la route ou du rivage, le sol et les objets fixés sur
le sol, tels que les arbres, les maisons et autres
objets, s'avancer en masse à l'encontre de l'une
ou de l'autre voiture, et aussitôt qu'ils l'ont

atteinte, fuir derrière elle, avec toute la vitesse de la voiture, qui paraît aux yeux de ceux qu'elle transporte, leur prêter tout son mouvement.

Elle leur prête son mouvement avec ses effets, car si la route se détourne, ou le cours de la rivière, ce sont les objets qui sont sur les bords, qui se détournent, qui laissent la voiture sur la route ou sur le fleuve, sans venir la heurter.

Analogie de ces apparences terrestres avec semblables apparences dans l'espace céleste.

Ce mouvement apparent et en masse, du sol, des arbres et des édifices qui y sont élevés, est pour les yeux de l'observateur qui est sur une voiture quelconque, absolument le même que celui de la sphère céleste en masse, pour les yeux des habitans de la terre.

Mais l'étendue du globe qui nous transporte dans l'espace, ne nous permet pas d'observer l'action de son mouvement, comme nous voyons celle de la voiture ou du vaisseau qui nous transporte; mais ses effets pour la vue, sont nécessairement les mêmes. Si les apparences de mouvemens vues de la voiture qui nous transporte sont illusoires, elles le sont également, vues de la terre qui nous transporte dans l'espace.

L'homme ne peut juger que par comparaison, que par analogie; voilà *une pièce de toile* : il a inventé l'aune pour la mesurer, etc. Il fait des lois,

il compare les crimes, il proportionne les peines.
Dieu a imposé des lois matérielles à tout dans la
nature ; mais il a dit par le fait à l'homme seul:
Je t'ai donné l'intelligence, pour être ton propre
législateur. Le Code de la nature t'est étranger ;
c'est le règne des sens et le droit de la force, que
tu dois soumettre à tes lois, aux lois de la raison,
aux lois de l'ordre social ; ordre hors duquel
l'homme n'est pas constitué pour vivre (1).

(1) L'homme est si étranger aux lois de la nature que jusqu'à ses
alimens n'ont rien de naturel.

Le blé ne croîtrait pas sans lui ;

Par l'*ente* et *la bouture* les fruits cessent d'être *sauvages* ou
naturels, ils deviennent son ouvrage ;

L'art du jardinier lui donne des légumes ;

Omnivore : avant que de manger la chair des animaux de la
terre, des eaux, ou de l'air, il la décompose par le feu ;

Ses lois, quelconques, sont celles *de sa nature*, de la société, et
non de la nature qui n'en a que deux : *le besoin* et *la force.*

La souveraineté du peuple et *le despotisme* d'un seul ou de
plusieurs, rentrent également dans *le droit de la nature*, dans *le*
droit de la force : état de crise qui n'est que passager, et qui n'allant que par mouvemens irréguliers ne permet pas de prévoir l'a-
venir.

Egalité devant la loi, liberté sans licence.

Le Français est né sur le sol le plus favorable à l'établissement de
ces principes. *Propriétaire* ou *industriel* il sait connaître et *le*
mien et *le tien* ; il respecte *le mien* pour qu'on respecte *le sien.*

Qu'un tel peuple est aisé à gouverner !

Mais ses lois doivent n'avoir d'autre but que le bien de la
masse ; ses fractions ne doivent exister que pour le bien général. En s'en détachant, elles lui deviennent étrangères, elles n'en
font plus fractions : c'est la guêpe inutile dévorant le miel de
l'industrieuse abeille.

Tout par le peuple et rien par son action.

Les brigands qui cherchent à se soustraire à cet ordre général de la société dont ils se séparent, sont obligés de se créer un langage pour s'entendre et de se faire des lois entre eux qui les accusent et les condamnent en leur prouvant la nécessité de l'ordre, alors même qu'ils s'en séparent.

L'homme juge par *analogie*, par *comparaison:* mais *analogie* et *comparaison* ne sont pas synonymes.

L'*analogie* est la ressemblance d'une chose avec une autre.

La *comparaison* est le rapprochement, l'observation des ressemblances, des *analogies*, afin de les juger, de les apprécier.

La terre, comme la voiture, prête toute la vitesse de son mouvement pour ses habitans, aux étoiles fixes immobiles, par leur incommensurable éloignement; elles paraissent, par leur immobilité, implantées dans l'azur du ciel comme les arbres le sont sur le sol.

Non seulement elle leur prête toute sa vitesse, mais les deux effets de son mouvement, *rotation* et *translation* (1).

_____

(1) Voici un autre paradoxe ; car la méthode que je propose est aussi un paradoxe, puisqu'elle est opposée à l'opinion reçue.

J'en démontre de même la vérité, par les premiers élémens de la physique, tels qu'ils sont enseignés par le célèbre professeur que le monde savant accuse de n'avoir encore rien publié. Ce savant a dû voir ce reproche dans l'empressement qu'on a mis à se pro-

1º Par l'effet de la rotation de la terre, la sphère céleste paraît tourner en 24 heures autour de la terre, d'orient en occident, par conséquent à l'opposé du mouvement de la terre, qui est nécessairement d'occident en orient, comme tous les mouvemens du système planétaire.

2º Par l'effet de son mouvement annuel, l'image

curer son cours *sténographié* et *imprimé*, en attendant l'instant de se procurer celui qu'il publiera.

J'ai renvoyé ce paradoxe important en physique, par note, pour ne pas interrompre le sujet que je traite, et pour engager à le lire plus attentivement en l'isolant.

Une boule n'a qu'un mouvement (ainsi que les astres); *sa translation et sa rotation produisent deux effets sur notre vue, mais inséparables; ils sont dus à sa forme ronde qui la retient en repos, en équilibre sur un point vertical au centre de la terre, et opposé aussi verticalement à celui qui regarde son zénith.*

Ces deux effets ne sont que la *résultante* de la *mobilité* qui lui a été donnée par le choc de la queue, et de l'immobilité que finit par lui donner le plateau du billard sur lequel la mobilité qu'elle a reçue, la force de rouler, en diminuant de vitesse à chaque tour.

Je lis dans le cours sténographié, puis imprimé, de M. Gay-Lussac; 2ᵉ leçon du samedi 10 novembre 1827, page 20.

« Le corps persiste dans son état de mouvement, à moins qu'il » n'y ait des causes opposées à ce mouvement.... Sur un billard, » dont le tapis serait neuf ou grossier, les billes ne se meuvent pas » très-long-temps. »

Quelque fin que soit le drap qui couvre le plateau du billard, il ne peut communiquer à la bille que son immobilité : *en physique comme en droit, nul ne peut donner que ce qu'il a.*

Or, la bille n'est mise en mouvement que par la seule force de projection imprimée par la queue.

Le plateau, fût-il de marbre ou d'ivoire, n'a pas de mobilité ; il

de l'étoile paraît décrire, comme·le soleil, une ellipse dont le grand axe ou le diamètre a 40″ en
parcourant les douze signes à l'opposé de la terre.

La seule différence qu'il y ait entre le mouvement dit *propre* du soleil, et le mouvement de
l'image de l'étoile, c'est que le soleil est au centre
de la circonférence que décrit la terre, et que
l'étoile dont l'image nous arrive en nous suivant,
est en dehors de cette circonférence, et infiniment
plus loin de la terre que le soleil.

Nous voyons le soleil comme un clocher placé

---

ne peut donc ajouter à la mobilité de la bille; il ne peut au contraire que lui communiquer son immobilité.

Un corps, n'importe sa forme, *ne peut obéir à plusieurs forces
que par une résultante.*

Les savans n'ont jusqu'à présent considéré que la réunion des
forces différentes *qui donnent la mobilité; mais ils n'ont jamais observé que l'union de la mobilité et de l'immobilité formait une résultante qui faisait glisser le palet et rouler la
boule, et qui finissait bientôt par détruire l'effet de la force qui
avait produit la mobilité, en conduisant l'objet à l'immobilité
ou au repos.*

Plus la force de projection est grande, moins la boule a de rotation, plus elle a de vitesse, plus elle a de translation.

Plus la projection s'affaiblit, plus la boule a de rotation, moins
elle a de translation.

L'attraction aide à la translation, *tant que la force de projection
est supérieure à celle d'immobilité.*

Quand l'immobilité a affaibli considérablement la force de projection, l'attraction s'ajoute à la force d'immobilité pour faire
trouver l'équilibre à la boule.

Je soumets mon paradoxe à l'examen des physiciens, et en particulier à l'illustre savant sur les principes duquel j'ai cherché à
l'assurer.

au centre d'une petite ville dont nous faisons le
tour , toujours à l'extrémité opposée du point où
nous sommes. Nous voyons l'étoile comme un
clocher éloigné, placé sur une hauteur, dont l'i-
mage nous suit tout autour de l'enceinte de la ville,
si rien ne s'interpose entre le clocher et notre vue.

Voyons maintenant les mêmes analogies dans
les mouvemens apparens du soleil, immobile comme les étoiles fixes pour la terre , et pour tout le
système planétaire dont il est le centre.

CHAPITRE IX.

ANALOGIE DES MÊMES MOUVEMENS APPARENS TERRESTRES, AVEC CEUX DU SOLEIL IMMOBILE, RELATIVEMENT A SON SYS-TÈME PLANÉTAIRE.

ARGUMENT. Immobilité du soleil et de la sphère céleste relative-ment aux planètes. — Tous les méridiens font connaître la ro-tation et la translation du soleil par le raccourcissement ou l'a-longement et la marche de l'ombre. — En résultat tous les astronomes professent ces principes. — La terre décrit son mou-vement par une spirale sans fin, de même que tous les astres sans exception. — Le mouvement dit *propre* du soleil n'est qu'une parallaxe. — Le rapprochement des spires que décrivent les astres en fait des cercles, quand on les observe chacune particulièrement. — Par l'effet de la diminution continuée de l'obliquité de la terre et la précession des équinoxes, dans huit contours de 26,000 ans, l'écliptique ne ferait qu'un cercle avec l'équateur. — Quand la terre tournerait toujours sur son équa-teur, elle n'aurait pas un printems perpétuel. — Le système qui ôte l'incandescence au soleil n'est pas facile à établir. — L'ombre va à l'opposé du soleil, comme le soleil va à l'opposé de la terre. — Démonstration de ces mouvemens. — Le jour sidéral est plus court que le jour solaire. — L'année sidérale est plus longue que l'année synodique ou solaire, par l'effet de la précession des équinoxes. — Les astronomes anciens joignaient l'étude de l'astrologie judiciaire avec l'astronomie, les astro-nomes modernes professent l'astronomie et démontrent les er-reurs de l'astrologie judiciaire.

Le soleil est immobile, relativement au système planétaire dont il est le centre ou le foyer, et qu'il entraîne avec lui dans l'espace, de même que les étoiles fixes le sont par rapport à leur éloignement incommensurable pour tout le système planétaire.

Les mouvemens du soleil que nous apercevons à la vue simple, ne sont que des illusions produites par le mouvement de la terre, pour les habitans de cette planète.

Cependant, par son seul mouvement apparent et diurne, le soleil fait connaître les deux effets du mouvement de la terre sur tous les méridiens verticaux et horizontaux.

La marche de l'ombre marque les heures.

Le prolongement ou le raccourcissement de l'ombre, surtout à *midi vrái*, sur la méridienne où elle est la plus courte, parce qu'elle est directe, fait connaître sa translation diurne et annuelle au nord et au midi, ou le *mouvement propre*; ainsi le mouvement dit *propre* du soleil s'observe par son seul mouvement diurne, et encore par le mouvement de la terre d'occident en orient, qui nous montre le soleil à l'opposé du point de l'écliptique où elle est, parcourant de même qu'elle, tous les signes suivant leur ordre: c'est ainsi, (je répète cette même comparaison faite antécédemment), que de Montmartre on voit le Luxembourg vers l'Observatoire, et que de l'Observatoire on le voit vers Montmartre; c'est ainsi qu'en faisant le tour d'une ville dont le clocher est au centre, on voit le clocher à l'opposé de la partie de la ville où l'on se trouve.

Sous ce rapport, le soleil n'est que le jalon de la terre, comme le filet d'eau vertical d'un jet d'eau sert de jalon à ceux qui se promènent autour de ce jet d'eau ; en un mot, le soleil est le jalon universel du système planétaire.

Les vérités que je me suis appliqué à décrire, sont au fond celles que finissent par enseigner M. le marquis de Laplace et tous les astronomes : *nous ne différons que par les élémens de cette science* : ils font une confusion de *vrais* et de *faux* principes qui leur font commettre des erreurs contraires à leur propre doctrine : *tant est grande la force de l'habitude, même chez ceux qui éclairent les autres !* Je vais prouver ce que j'avance, par de nouvelles citations du même ouvrage. *Exposition du système du monde*, livre 1er, page 9, après avoir dit : « Cet astre (le soleil) s'avance donc » vers elles, (vers les étoiles) d'occident en » orient », il ajoute de suite :

« C'est ainsi que l'on a suivi long-temps son » *mouvement* propre qui, maintenant, peut être » déterminé avec une grande précision, en obser- » vant sa hauteur méridienne (du soleil) et le » temps qui s'écoule entre son passage et ceux des » étoiles au méridien. »

Or, il s'élève au méridien d'orient en occident, à l'opposé de la marche de son ombre, sur nos cadrans solaires, parce que l'ombre n'est que l'apparence, la réflexion du mouvement apparent du

4

soleil, comme ce mouvement apparent est l'ombre, l'image du mouvement de la terre, qui va
par conséquent à son opposé. Cette hauteur méridienne du soleil est la preuve qu'il ne va pas
chercher l'étoile, que c'est elle *qui le cherche,*
l'atteint, le dépasse et le délaisse.

Le soleil levé sur l'horizon, à l'époque de l'un
des équinoxes, en même temps qu'une étoile, arrive à la hauteur méridienne, au quart de sa révolution, *une minute* après l'étoile ; il se perd sous
l'horizon occidental, *deux minutes* après l'étoile;
il se lève le lendemain quatre minutes après l'é-
toile, avec laquelle il s'est levé la veille. Ce sont
ces *quatre minutes de vitesse par jour, de l'étoile*
sur le soleil, qui lui font faire en apparence 366
révolutions autour de la terre, tandis que le soleil
n'en fait que 365 : mais la terre fait réellement 366
tours et un quart sur elle-même, qui ne sont que
365 un quart pour le soleil.

Savans astronomes vous ne me contredirez
pas : si je vous contredis dans vos élémens, *c'est*
qu'ils sont contraires à la doctrine que vous en
faites résulter, à laquelle je rends hommage com-
me votre disciple reconnaissant: vous m'avez appris à occuper les restes de ma vie.

« Les observations donnent les mouvemens pro-
» pres du soleil et des parallèles, et le vrai mou-
» vement de cet astre autour de la terre. » (Les
observations donnent le *mouvement apparent* du

soleil dans le sens du méridien , d'orient en occident , et des parallèles des sphères que le soleil
paraît décrire, et *non des parallèles de l'équateur;*
car il ne décrit ni l'équateur , ni ses parallèles :
comment irait-il d'un solstice à l'autre par des contours parallèles à l'équateur , comme il est enseigné ?)

« On a trouvé de cette manière que le soleil
» se meut dans un orbe que l'on nomme *éclip-*
» *tique*, et qui, au commencement de 1801 , était
» inclinée de 26° 07315 à l'équateur (26° cen-
» tigrades ; 23° et demi, calcul sexagésimal). »

J'arrête ici les citations , parce que mes observations sont trop longues, trop essentielles pour
les renfermer entre deux parenthèses.

La terre parcourt cet orbe ou cette orbite, par
une spirale sans fin, divisée en révolution annuelle,
par son retour au même point de la sphère céleste.

Ses contours et sa translation sont l'effet de sa
rotation, qui imprime une apparence de mouvement circulaire autour d'elle, d'orient en occident, à tous les astres que l'on voit dans l'espace,
sans exception.

Cette observation du mouvement de la terre ,
par une spirale sans fin , et du mouvement de tous
les astres sans exception, *par une semblable spi-*
rale, m'a été suggérée par celle du digne émule de
M. Laplace, *M. Puissant*, éditeur de la 7ᵉ édition du *Traité de la Sphère*, par Rivard , qu'il a

4.

considérablement augmentée, page 35, n° 40.

« Quoiqu'on dise que cet astre (le soleil) dé-
» crit tous les jours un cercle parallèle à l'équateur,
» *cela n'est pas exact,* puisqu'il faudrait, pour cet
» effet, qu'il restât au même point de l'écliptique
» un jour entier; et cependant il ne peut y être
» qu'un instant, parce qu'il avance continuelle-
» ment vers l'orient, par son mouvement propre. »

Toujours confusion d'effet, par cet absurde système de Ptolémée. Cet effet du soleil sur nos yeux
n'est point un mouvement ; c'est un changement
de position dû au mouvement de la terre ; *c'est
une simple parallaxe,* effet du changement de place
de l'observateur ; c'est une réalité, et non point
une illusion, comme le mouvement que la mobilité de la terre prête aux astres, comme le mouvement de la voiture en prête un à tous les objets
qui l'environnent, pour ceux qu'elle transporte.

« Ainsi, continue l'auteur, *les révolutions jour-
» nalières du soleil ne sont pas des cercles ou des
» circonférences, mais plutôt des contours de spi-
» rale semblables à ceux d'un tire-bourre ou d'un
» filet à vis.* »

Ces contours sont bien parallèles entre eux, de
même que ceux *d'un filet à vis ;* mais ils ne sont
parallèles à aucun des cercles de la sphère, ni à
*l'équateur, ni aux tropiques, ni aux cercles po-
laires.*

Messieurs les astronomes sont encore inexacts

dans leurs cours , quand ils disent que le soleil
décrit chaque jour *une courbe plane ;* c'est une
erreur prouvée par eux-mêmes chaque jour dans
la Connaissance des Temps, par le changement
diurne de la longitude du soleil , ne quittant pas
l'écliptique, se coupant obliquement avec l'équateur , en faisant angle de 23° et demi , avec tous
les parellèles à ce cercle qu'il traverse.

C'est une erreur prouvée chaque jour par l'a-
grandissement ou le raccourcissement progressif
des ombres , et surtout mieux observée sur une
ligne méridienne horizontale étendue comme celle
de l'église Saint-Sulpice , ou de l'Observatoire.

Le rapprochement des contours de la terre, qui
n'ont que six lieues de distance entre eux, sur 2800
lieues de diamètre , rendent plane à la vue , la
marche apparente du soleil , la courbe qu'il paraît décrire chaque jour. Mais la terre ne peut se
transporter d'un solstice à l'autre , traverser l'é-
quateur , le décrire *à fort peu près* (expressions
de M. Laplace), décrire l'écliptique , que par des
contours de spirale, et non par des circonférences
fermées, parallèles à l'équateur , qui la tien-
drait constamment sur le même cercle.

Il y a plus , puisque l'obliquité de l'écliptique
diminue tous les ans par la précession des équinoxes ; dans 26,000 années, la terre , ses pôles ,
son équateur, auraient fait un contour de la grande
spirale, opposée au mouvement diurne et annuel;

et ce mouvement, *discontinu, mais périodique,* de précession , se continuant de la même manière par huit contours de spirale, dans deux cent mille ans, l'écliptique et l'équateur seraient réunis.

La terre , s'il était possible que cette réunion pût arriver , n'aurait pas pour cela, comme le disent tous les élémens d'astronomie, un printemps perpétuel , par l'uniformité de son mouvement.

Le soleil, étant toujours sur son équateur, évaporerait les eaux de la mer dans l'espace; les glaces qui recouvrent ses pôles , et qui, comme l'a très-justement observé M. Bernardin-de-Saint-Pierre, *sont les vraies sources alternatives de l'océan,* se fondraient en même temps, et ne se renouvelleraient plus par la condensation des eaux évaporées , condensation opérée par la longue absence du soleil.

La terre desséchée de plus en plus , sa surface s'enflammerait, et de soleil éteint, d'après nos savans, elle redeviendrait encore soleil, en opposition avec les hypothèses d'*Herchel* et de ses partisans qui veulent que le soleil soit entouré de flammes , et puisse même être habité ; et qui ne veulent plus que le soleil soit la matière qui produise ces flammes, comme la mèche de ma lampe est celle qui produit la lumière qui éclaire ce que j'écris.

Ce nouveau système ne me paraît pas aisé à établir.

Le soleil, considéré comme un globe enflammé, incandescent, est le principe actuel de toute la partie hypothétique du système planétaire et du système de l'univers ; les étoiles fixes étant considérées comme autant de soleils, et les planètes comme des soleils éteints ou *encroûtés*.

Or, en adoptant le système d'Herchel, le *soleil est sans chaleur, sans embrasement; alors les planètes ne sont donc plus des soleils éteints.*

La terre, refroidie comme tous les corps chauds, d'abord à sa surface, n'a plus conservé cette progression de chaleur calculée vers son centre, où on la croit en fusion, à un million de mètres cinq cent mille toises, vingt lieues de rayon de sa surface, qui a 1500 lieues de sa surface jusqu'à son centre.

Les volcans, les tremblemens de terre, ne seraient plus l'effet des eaux, qui parviennent jusqu'à cette partie de la terre en fusion, qu'elle met en effervescence, et dont la chaleur les vaporise.

Les eaux minérales ne seraient plus échauffées par la chaleur progressive de la partie du globe où elles sont descendues froides, et d'où elles remontent chaudes, etc.

Mais simple amateur des sciences, admirateur et disciple de nos savans, je m'élance au-delà de mon but ; je me permets une opinion presque négative sur des hypothèses présentées et non adoptées, et je les juge comme système..... Revenons à mon travail, déjà trop considérable pour mes forces.

La marche en spirale de la terre est celle de tous les astres; les planètes ne peuvent parcourir leur orbite, coupant obliquement leur équateur, comme celui de la terre, que par une spirale sans fin.

Et le soleil, entraînant son système planétaire vers la constellation d'Hercule, par une translation opérée par sa rotation bien connue par ses taches, ne peut le faire qu'en décrivant une spirale sans fin qui, je pense, doit le ramener au midi, après l'avoir porté vers le nord.

Je ne crois pas l'observation de ce point d'uniformité dans *la forme de l'orbite de tous les astres*, inutile pour la science qui fait l'occupation et le charme de mes vieux jours.

Mais voici une *observation élémentaire* des plus intéressantes, pour prouver à la fois la mobilité de la terre et l'immobilité des étoiles fixes et du soleil, relativement au système planétaire.

Le mouvement dit propre du soleil n'est que sa parallaxe, comme astre central et immobile pour la terre, nécessairement mobile.

Moins j'ai de science et de talens, plus je réclame ici l'attention de ceux qui me liront.

La terre ne prête au soleil, pour les yeux de ses habitans, qu'elle transporte dans l'espace, comme une voiture transporte des voyageurs d'un lieu à un autre, *que son seul mouvement, avec ses deux effets de rotation et de translation d'occident en orient.*

Le soleil nous montre ces deux effets ensemble et simultanément, comme il les reçoit, mais à l'opposé du mouvement de la terre: il se lève aujourd'hui d'un point à l'orient, et il se couche le soir à un point presque directement opposé à l'occident.

Demain il se lèvera à l'orient, mais un degré plus au nord ou au midi, suivant la saison que trace sa marche, et il se couchera à un degré d'éloignement du point où il s'est couché la veille.

Voilà la seule apparence que lui prête la terre.

Ces deux effets, nous les voyons, je l'ai déjà dit, sur les cadrans solaires, par le mouvement de l'ombre du style, et par l'alongement ou le raccourcissement de cette ombre.

Mais le soleil, comme pour nous donner une reconnaissance du prêt que lui fait la terre, pour nos yeux, de son mouvement, *nous renvoie ce mouvement par l'ombre, de la même manière que la terre le lui prête,* c'est-à-dire, *à l'opposé de son mouvement apparent d'orient en occident.* L'ombre marche au contraire d'occident en orient. C'est ainsi qu'une lunette astronomique à un seul oculaire convexe comme l'objectif, nous montre les astres, ou autres objets renversés; et en y ajoutant deux autres oculaires, l'astre ou l'objet qu'on regarde est redressé et vu dans sa vraie position.

Le cadran solaire divise donc la révolution ou l'année solaire, par le raccourcissement ou l'alongement du style, et le jour en heures et en fractions d'heure, par la marche de l'ombre du style, allant à l'opposé du soleil, et comme la terre, *d'occident en orient.*

Voilà la seule apparence que le mouvement de la terre prête au soleil, pour les yeux de ses habitans.

A l'égard du mouvement dit *propre* du soleil, c'est, je l'ai déjà dit, une parallaxe et non point un mouvement, *mais l'effet d'un mouvement.*

Nul être ne peut changer de position sans voir les objets différemment placés que dans la position qu'il a quittée. Je vais me servir, pour expliquer le mot *parallaxe*, des propres expressions de l'astronome *M. de Lalande, dans son Astronomie des Dames.*

« Si l'on est au spectacle derrière une femme
» dont le chapeau soit trop grand et empêche de
» voir la scène, on se retire à droite ou à gauche,
» on s'élève ou l'on s'abaisse; *tout cela est une pa-*
» *rallaxe, une diversité d'aspect, en vertu de la-*
» *quelle le chapeau paraît répondre à un autre en-*
» *droit du théâtre que celui où sont les acteurs.* »

Ici, le soleil est le chapeau entre la terre et une étoile; mais la terre tournant autour de ce soleil, point central d'occident en orient, on ne le verra pas demain à la même position; l'étoile qui terminait hier à midi l'horizon, en-deçà de ce soleil, s'étant rapprochée de la terre, on la verra demain au méridien, quatre minutes avant d'y voir le soleil, et non plus à l'extrémité du diamètre dont le soleil était le centre.

On m'observera que la lumière du soleil empêche de voir les étoiles pendant le jour ; mais on connaît leur position, et leur marche régulière permet de calculer l'instant de leur passage au méridien. Un globe céleste met à même de connaître ce passage au méridien avec assez de précision pour le concevoir.

Il importe de bien connaître l'effet de la parallaxe, dû au mouvement de la terre autour du soleil, astre central, et autour des étoiles qui sont en dehors de son orbite. Voyez la planche 2, figure 4.

1º Soleil, astre central.

T. La terre voit aujourd'hui le soleil vis-à-vis l'étoile 2.

2º Étoile à l'extrémité de la ligne qui divise le soleil.

T ″. Demain la terre ayant avancé de près d'un degré vers l'orient, en tournant sur elle-même, verra l'étoile 2, avant de voir le soleil ; elle ne retrouvera le soleil que vis-à-vis l'étoile 3.

3º Étoile.

Par cette marche, la terre revient après 366 contours sur elle-même, vers l'étoile 2, et seulement après 365 révolutions diurnes avec le soleil, parce

qu'elle fait, pour se retrouver avec cet astre central, chaque jour, plus qu'un contour sur elle-
même.

Le soleil immobile relativement à son système,
étant l'astre central, et tout son système étant
entouré par les étoiles immobiles, sans l'obliquité
de l'écliptique avec l'équateur, sans la précession
des équinoxes, la terre (et toutes les planètes de
la même manière) décrirait en même temps sa
révolution annuelle autour de l'astre central, et
autour de l'étoile qui est en dehors de l'orbite de
chaque astre ; il n'y aurait de différence que dans
les contours de leur spirale.

Les révolutions *diurnes, sidérales et synodiques*,
ne sont différentes que par le mouvement de rotation qui transporte l'astre d'un degré chaque jour
d'occident en orient, en décrivant l'écliptique obliquement, la terre conservant dans sa marche son
parallélisme avec l'équateur.

Ces deux révolutions, différentes en apparence,
sont l'effet de chaque astre, qui avance en tournant sur lui-même (revoyez la figure). On retrouve l'étoile, point de mire passager de l'astre
en mouvement sur lequel on observe, avant l'astre central, point de mire constant de tous les
mouvemens de chaque planète, dont l'orbite l'en-
toure. Par l'effet de sa translation, il lui faut un
mouvement de plus qu'une rotation sur lui-même,
pour retrouver le soleil centre. Cet excès de rotation diminue d'un contour annuellement la ré-

volution entière de la terre relativement au soleil.

Le jour sidéral est donc plus court que le jour solaire, parce que la terre a fait un peu plus d'un tour sur elle – même, quand chaque point de sa surface, quand chacun de ses méridiens se retrouve au centre ou en face du soleil.

La révolution de la terre sur elle-même, *est sa révolution sidérale*, sa révolution avec la sphère céleste.

Sa révolution autour de l'astre central se fait par un petit excès après son contour sur elle-même, parce qu'elle s'est avancée d'occident en orient; *c'est sa révolution diurne synodique.*

Mais l'année sidérale est plus longue que l'année *synodique*, par l'effet constant de la précession des équinoxes: l'obliquité de la terre diminue d'une demi-seconde tous les ans ; sa position change sur l'écliptique ; la terre se retrouve plutôt tous les ans à l'équinoxe du printemps avec l'astre central: l'étoile 2 paraît s'être avancée dans l'ordre des signes ; mais c'est la terre qui s'est rapprochée du soleil plus vite, *par l'effet d'une plus forte attraction réciproque, au moment de l'intersection de l'équateur du soleil, s'élevant au nord, en se portant vers la constellation d'Hercule; avec l'équateur de la terre, descendant au tropique du capricorne* (1).

(1) Je crois que M. le marquis Laplace dans son opinion sur la cause de la précession des équinoxes, aurait dû remarquer: 1° que

La figure 4 a mis à même le lecteur d'observer :

1° La parallaxe centrale du soleil, toujours variable par le mouvement de la terre ;

2° La parallaxe de l'étoile en dehors du centre de la circonférence de la terre, ou son mouvement apparent *d'aberration*.

La première montre le soleil au point du ciel, qui est directement opposé à l'observateur.

La seconde fait décrire à l'image de l'étoile qui vient à l'œil de l'observateur, l'orbite de la terre par une ellipse de 20 ″ de rayon seulement, et ce en raison de son incommensurable éloignement (1),

deux boules qui tournent dans le même sens, tournent à l'opposé l'une de l'autre pour les parties qui sont en face, qui se regardent ; 2° qu'à cette époque, le soleil montant et la terre descendant, et l'inclinaison des deux astres étant différente, le soleil modifie légèrement l'inclinaison de la terre sur la sienne, en changeant instantanément un peu sa position sur l'écliptique, par l'effet de la résistance qu'ont les deux astres à s'éloigner au moment de leur plus forte attraction.

Je développerai mon opinion sur ce sujet dans mon ouvrage : elle occuperait trop de place dans cette analyse : je me borne donc à l'y énoncer.

(1) L'aberration des étoiles est la cause du travail que je publie.

J'ai suivi exactement, pendant les six dernières années, le cours d'astronomie, que le bureau des longitudes a chargé le savant et éloquent professeur M. *Arago*, un de ses membres, de faire à l'Observatoire.

A la seizième séance du dernier cours, 3 août 1827, j'ai entendu ce célèbre professeur enseigner : *que sans l'aberration des étoiles, le système de Copernic serait toujours le plus probable, mais non prouvé ; que c'était l'unique preuve qu'on avait du mouvement de la terre.*

Après la séance, je marquai mon étonnement, *sur cette*

qui nous fait paraître le pôle du monde, prolongation de celui de la terre, immobile dans le ciel.

Le mouvement apparent et régulier des étoiles,
preuve unique de la mobilité de la terre, à quelques auditeurs savans.

Mais je fus bien plus étonné, quand ils m'observèrent que, plusieurs de nos savans, qu'ils me nommèrent, *n'admettaient point cette preuve, et qu'ils persistaient à professer que le système de Copernic était le plus probable, mais non prouvé.*

De réflexions en réflexions, *long-tems mûries,* je me convainquis que cette preuve était, *non-seulement matérielle ou physique, mais que le mouvement dit propre du soleil était une semblable preuve, avec la seule différence que l'étoile était en dehors de l'orbite de la terre, et que le soleil en était le foyer, et infiniment plus rapproché; mais les planètes, par leur mouvement propre, en fournissaient une preuve bien plus certaine, puisqu'elle était réelle, et bien plus évidente, tandis que les deux premières n'étaient qu'une illusion, qu'une parallaxe due au mouvement de la terre.*

Et j'en vins à résumer ainsi mes observations:

1° Rien ne pourrait être immobile dans l'univers si nous étions placés sur une masse seule immobile dans le monde; tous les mouvemens des astres seraient réels, seraient tels qu'on les aperçoit : la mobilité de la masse qui nous porte et nous transporte, peut seule changer en illusion le mouvement propre des astres : alors son immobilité n'est que relative à nous qu'elle porte et transporte, et qu'elle trompe sur la réalité des phénomènes.

2° Un corps ne peut avoir deux mouvemens, et surtout deux mouvemens distincts ou séparés, car nul corps ne peut occuper deux places à la fois. Or, les étoiles ne peuvent avoir à la fois un mouvement de rotation d'orient en occident sur le pivot du monde, dont les pôles sont les deux extrémités; mouvement qui nous montre une étoile au levant à sept heures du soir, et la même étoile au couchant à sept heures du matin, et avoir encore un mouvement annuel d'orient en occident, qui, par conséquent, tiendra cette étoile six mois à l'est de la petite ellipse de 40″ de diamètre qu'elle décrit en un an, tandis que toutes les douze

*et celui de la terre, régulier dans ses irrégularités,
à quelques perturbations près, permettent à l'as-*

heures nous la montreront, en même temps, à l'ouest par sa révolution diurne.

3º Une masse seule immobile dans la partie de l'univers aperçue, et autour de laquelle tous les astres (excepté les satellites des planètes) feraient leur révolution, ils l'achèveraient nécessairement avec cette masse immobile, avant que de se rencontrer entre eux : et dans cette supposition, d'une *masse immobile*, chaque satellite doit se retrouver en conjonction inférieure avec cette *masse immobile*, dans un temps absolument égal à celui qu'il met à tourner autour de sa planète principale : telle nous voyons la lune faire sa révolution avec la terre, dans le même temps qu'elle met à revenir en conjonction avec le soleil.

4º Si le contraire arrive ;

Si les plus courtes révolutions *sont les révolutions sidérales et solaires*, et non celles avec la masse de la terre, *regardée comme immobile* ;

Si la marche des satellites ne les met en conjonction inférieure avec l'astre *regardé comme immobile*, qu'après plusieurs révolutions autour de leur planète,

J'en conclus affirmativement, et d'après tous les principes *de physique et de mécanique*, que cette masse n'est immobile que relativement à ceux qu'elle porte et transporte, et que le mouvement des astres *n'est qu'une illusion*, qui n'a de cause que la mobilité de la masse regardée immobile par ceux qui sont placés dessus.

Et ces preuves nombreuses sont consignées, d'après les calculs de nos illustres astronomes, trois ans à l'avance, dans la Connaissance des Temps, par la marche diurne des planètes autour du ciel et du soleil.

Le 13e chapitre de cet ouvrage sera uniquement consacré à extraire de la Connaissance des Temps, *cette preuve irrécusable et absolue de tout ce que j'avance dans cet ouvrage*, dont l'unique refrain est, du commencement jusqu'à la fin : *si la terre était immobile, tous les astres achèveraient leur révolution autour d'elle, avant que de se rencontrer entre eux.*

tronome de connaître positivement la position du soleil, de la terre et des planètes à l'égard de la sphère céleste, bien qu'ils ne voient jamais ensemble les étoiles et le soleil (1).

La pendule astronomique est réglée sur le mouvement apparent des étoiles, comme le plus régulier.

La connaissance de la marche apparente des astres, quoique bien moins exactement connue qu'aujourd'hui, permettait cependant aux astronomes anciens d'annoncer une grande partie des phénomènes que nos astronomes consignent plusieurs années d'avance dans la Connaissance des Temps.

Mais cette science contribuait à entretenir le peuple dans l'erreur sur l'astrologie judiciaire; science fausse, absurde, que presque tous les astronomes anciens cultivaient, ainsi que les chimistes le faisaient de l'alchimie.

Nos astronomes, plus savans, plus éclairés, meilleurs logiciens, vrais et sages philosophes, repoussent avec mépris la connaissance de l'avenir par les astres, en dévoilant ses chimériques erreurs.

En effet, la précession des équinoxes change

(1) Les astronomes, au moyen de lunettes et d'appareils que peu de particuliers peuvent se procurer chez eux, observent le passage d'une étoile en plein jour.

Mais une semblable observation veut, instrument, local, et en outre science et habitude.

5

tous les ans *faiblement* la position du ciel par rapport à la terre. Cependant, depuis 2000 ans, la constellation des poissons a pris la place de celle du bélier, qui se levait sur l'horizon avec le soleil au 20 mars, et le soleil n'en sortait qu'à peu près à la même époque du mois d'avril. Aujourd'hui, c'est la constellation des poissons. Or celui qui naquit, il y a 2000 ans, sous la constellation du bélier, naîtrait aujourd'hui sous celle des poissons, *signe du bélier* : ainsi de toutes les autres constellations.

L'avenir annoncé à celui qui naissait sous l'influence de telle étoile, placée dans telle constellation, si la prédiction eût été réelle, serait pour celui qui naîtrait un mois plus tard qu'il y a deux mille ans, et non pour celui qui naîtrait à même époque qu'il y a 2000 ans. Et l'instant où cette constellation est sur l'horizon, n'a plus la même température ; la constellation des poissons était dans l'hiver, il y a 2000 ans ; elle commence aujourd'hui le printemps, elle est dans le signe du bélier.

La constellation du grand chien, à la gueule duquel est placé *Sirius*, la plus belle étoile du ciel, a donné son nom à la *canicule*, les quarante jours les plus chauds de l'année ; et elle ne fait plus partie des jours caniculaires, dont le nom est resté à la plus grande partie du mois de juillet, et au commencement du mois d'août, jours les plus chauds de l'année, quoiqu'ils ne soient pas les plus longs jours civils, parce que la chaleur est acquise, et non instantanée.

Il suffit donc d'avoir une légère connaissance du mouvement apparent du ciel, pour repousser, d'après nos sages et savans astronomes, *l'astrologie judiciaire*, qu'ils ont absolument séparée de l'astronomie, en dévoilant ses erreurs, dont leurs devanciers s'occupaient encore au 17e siècle.

5.

CHAPITRE X.

ARGUMENT. Les taches du soleil nous font connaître sa rotation, et sa rotation sa translation. — Ces taches nous prouvent encore que le mouvement du soleil ne peut circonscrire la terre. — La translation est affaiblie par la rotation qui lui est opposée. — Démonstration. — Quand deux boules ont leur rotation dans le même sens, elles ont également leur translation du même côté l'une et l'autre. — Si la terre était immobile, elle serait le centre visible de quelques *astres, et l'épicicle de tous les autres dans l'univers.*

Les taches que l'on aperçoit dans le soleil, avec une lunette aidée d'un verre noir, nous font connaître sa rotation et sa translation, car il n'y a point de rotation sans translation, même pour ce pivot mécanique qu'un cheval fait tourner en tournant; la force centrifuge qui le meut, lui fait agrandir le cercle du trou où il gravite en pirouettant.

Ces taches du soleil nous prouvent en outre que la terre circonscrit le soleil, et ne peut en être circonscrite.

La translation se fait à l'opposé de la rotation, qui affaiblit de plus en plus la force de projection.

Je figure l'effet de la boule en mouvement, planche 2, figure 5.

La boule B a sa translation vers A, et sa rotation en C et C'.

Cette figure démontre que la rotation est opposée à la translation qu'elle affaiblit, parce que toute opposition est une résistance qui affaiblit la puissance qui l'entraîne.

De deux boules qui tournent dans le même sens, les faces qui se regardent, qui sont opposées l'une à l'autre, sont absolument opposées dans leur mouvement de rotation ; si l'une monte, l'autre descend.

Voyez le figure 6, planche 2, dont voici l'explication :

T. Terre.

S. Soleil.

1. Rotation de la terre vers l'orient.

2. Rotation du soleil vers l'occident.

3. La face de la terre qui regarde le nord, se dirige comme la face du soleil 2, qui est au même aspect, elle va à l'occident.

A. La face du soleil qui regarde le midi, se dirige comme la face de la terre 1, qui regarde aussi le midi, elle va à l'orient.

Si la rotation des deux boules est égale en tous sens dans les parties qui sont au même aspect, leur translation doit l'être.

La translation du soleil S se montre par ses taches, du côté de la terre 1 ; on voit les taches du soleil paraître à l'orient, et disparaître à l'occi-

dent, après avoir tourné avec le disque du soleil
en ce sens : donc la translation du soleil est en
B, B', car si elle était en B, A', les taches du soleil ne tourneraient pas d'orient en occident.

Donc ces taches, par leur adhérence, prouvent
que le soleil tourne comme la terre, d'orient en
occident au midi, et d'occident en orient au nord.

Donc la terre doit tourner le soleil de B en B',
de A et A' ; et le soleil ne peut tourner la terre
ainsi.

Et ce qui corrobore tous ces faits, démontrés
aussi clairement qu'il est en mon pouvoir, c'est
que si la terre était centrale et immobile, d'un
côté on verrait les taches du soleil comme nous
les voyons, allant d'orient en occident, et de l'autre, on les verrait aller d'occident en orient; et
de plus, il se leverait pour un côté de la terre à
droite, et pour l'autre côté à gauche.

Je crois, par ces démonstrations des mouvemens du soleil et de la terre, dans toutes les suppositions, avoir prouvé la mobilité de la terre
autour du soleil, astre central immobile, relativement à son système planétaire.

Et je finis ce chapitre en observant que le levant et le couchant, le nord et le midi, sont des
points relatifs au mouvement de la terre mobile
autour du soleil immobile et central.

Si la terre était immobile, elle serait le centre
des points cardinaux de tous les astres de l'u-

nivers, où rien ne serait immobile, où tout tournerait autour d'elle, invisible par sa petitesse,
pour la presque totalité des astres, et elle serait
par conséquent, pour presque tous, *ce centre invisible des épicicles du système de Ptolémée.*

CHAPITRE XI.

ARGUMENT. Nécessité des sphères et des machines géocycliques et héliocycliques simples, mais exactes, perfectionnées. — L'astronome attaché à ses savans calculs en aurait besoin lui-même. Les apparences célestes ne seraient pas les mêmes pour les habitans de la terre, en se supposant transporté sur le soleil, mobile ou immobile. — L'illusion des apparences célestes est l'effet du mouvement de la terre. — L'analogie des mouvemens apparens du ciel et du soleil, avec les mouvemens apparens des objets terrestres immobiles, est des plus exactes.

Voici quelques erreurs *d'abstraction* du célèbre géomètre que le monde savant regrette, qui me semblent démontrer l'utilité de machines simples, qui rappelassent à l'œil de l'astronome, l'esprit concentré sur les calculs des phénomènes qu'il veut prouver, et qui se confondent dans sa mémoire préoccupée (1).

(1) Les machines simples et exactes manquent à l'astronomie, ainsi qu'à la géographie ; nous n'avons que de vieux globes terrestres et célestes, de vieilles sphères armillaires, sur lesquelles le petit nombre de fabricans de ces objets n'ont pas même ôté *du globe terrestre*, d'après la juste observation d'un de nos illustres savans, *M. Biot*, cet écliptique ou orbite de la terre, sur lequel elle n'arrête jamais sa marche, ce qui fait croire, à celui qui veut s'instruire, que c'est un cercle dont le plan divise la terre

Après avoir exposé le système de *Ptolémée*
comme mouvement apparent, et par conséquent
la terre comme centrale et immobile, M. le marquis *Laplace*, tome Ier, livre Ier, page 180, dit :

« Les apparences seraient les mêmes, si la terre
» était transportée comme toutes les planètes au-
» tour du soleil ; alors cet astre serait, au lieu de
» la terre, le centre des mouvemens planétaires. »

Ce n'est *que parce que telle est la position de la
terre*, que les apparences des astres sont telles que
nous les voyons.

Si la terre était immobile au centre du monde
planétaire , nous verrions leur mouvement réel
tel qu'on voit ceux de la terre de dessus la voiture quelconque, qui nous transporte *quand elle*

comme celui de l'équateur, tandis que ce n'est que la trace de la
route qu'elle parcourt.

M. Jambon , mécanicien habile , professeur d'un cours particulier d'astronomie, et auteur d'un traité élémentaire de cette
science, qui a eu trois éditions, et qui est instructif, ôté le maudit
système de Ptolémée, dont il est entaché comme les autres , est le
seul qui ait perfectionné cet art comme fabricant. Mais , mécanicien astronome , il ne l'a fait qu'en grand. On peut dire que son
système planétaire réel complet est un chef-d'œuvre d'art, de
science et de calculs ; mais cette belle machine, excellente pour
terminer un cours, pour donner une idée juste de l'ensemble du
mouvement des astres, ne peut le commencer, et ce sont les machines élémentaires qui manquent pour la démonstration de cette
science , d'après leur position relativement à leurs mouvemens
réciproques.

Je donnerai, à la fin de cet opuscule , la description et la figure
d'une machine à volonté *géocyclique* et *héliocyclique* de mon invention.

est arrêtée : aussitôt arrêtée, les apparences cessent, et la réalité se montre, soit dans les mouvemens, soit dans l'immobilité de tous les objets que l'on voit.

Donc l'illusion n'étant que l'effet du mouvement de la voiture, ou de celui de la terre, si la terre était immobile, *tout ce qu'on appelle mouvement apparent serait réel, et tous les mouvemens dits propres seraient faussement supposés.*

Si la terre était immobile, je le répète encore, ce ne serait pas la révolution de la planète avec l'étoile fixe (qui alors serait mobile), qui serait la plus courte ; ce serait celle avec l'astre central, avec la terre seule immobile dans l'espace aperçu, même avec les puissans télescopes d'*Herschel.*

Mais voici une bien plus grande abstraction de cet illustre astronome, et *qui n'est qu'une abstraction*, même tome 1ᵉʳ, livre 2, page 188.

« Transportez-vous par la pensée à la surface » du soleil (centre du système planétaire), et de » là, contemplez la terre et les planètes, tous les » corps paraîtraient se mouvoir d'occident en » orient. »

Voilà une abstraction due à la confusion d'idées produites par le vice élémentaire du système de *Ptolémée*, et par le génie entièrement concentré du savant géomètre sur ses profonds calculs.

Il revient aux apparences, et il oublie avoir enseigné, livre 1ᵉʳ, chapitre 2ᵉ, page 22, *que les taches du soleil avaient appris qu'il tournait sur lui-même en vingt-cinq heures et demie d'orient en occident, de même que toutes les planètes; et il regarde le soleil ici comme immobile.*

Mais, 1° s'il était immobile, transportés dessus, nous ne verrions que des mouvemens réels.

2° Mais mobile, comme les taches l'ont appris, transportés sur sa surface, nous verrions le ciel tourner en vingt-cinq jours et demi, et de même les planètes. Mais comme elles avancent pendant la rotation du soleil, il ne les retrouverait plus comme l'étoile immobile, après son entière révolution sur lui-même.

Mais comme elles ont avancé pendant ce même temps, il continue sa rotation, jusqu'à ce qu'il les ait rattrapées : et nous verrions de dessus le soleil, *les mêmes mouvemens apparens du ciel et des planètes*, parce que la rotation du soleil est d'occident en orient, de droite à gauche, comme le mouvement de la terre, et comme celui de toutes les planètes.

Et cette *abstraction* tient si fort et à la confusion des systèmes, et à la concentration d'esprit de l'illustre géomètre, qu'il fait l'observation que je fais, en supposant son observateur sur Jupiter, même livre 2e, chapitre 1er, page 185.

« Jupiter, beaucoup plus gros qu'elle (la terre),
» se meut en moins d'un demi-jour ; *un observa-*
» *teur placé à sa surface, verrait le ciel tourner*

» *autour de lui* dans cet intervalle; ce mouve-
» ment du ciel ne serait cependant qu'une ap-
» parence. »

Donc placé sur le soleil, l'observateur verrait
le ciel tourner en vingt-cinq jours et demi.

Cette dernière citation de l'ouvrage de M. le
marquis Laplace justifie tout ce que j'ai dit dans
cette Analyse, *démontre son abstraction*, et
anéantit le système absurde de *Ptolémée*, en en
démontrant les inconvéniens pour les astronomes
mêmes.

Je crois avoir prouvé, par l'analogie la plus
exacte, les mouvemens apparens *du ciel et du soleil, immobiles relativement au système planétaire*,
avec semblables mouvemens de tous les objets
immobiles sur la terre, quand nous sommes transportés d'un lieu à un autre par une voiture quelconque, et par cette analogie, je crois avoir prouvé
la mobilité incontestable de la terre.

Passons aux diverses et aussi exactes analogies
qui existent, quand nous sommes transportés par
une voiture, entre les apparences que son mouvement produit à nos yeux, sur les objets qui sont
eux-mêmes en mouvement à l'entour de la voiture, et les mêmes apparences produites par le
mouvement de la terre sur les astres, qui ont un
mouvement *réel* ou *propre*.

CHAPITRE XII.

ANALOGIES TERRESTRES DES PHÉNOMÈNES APPARENS ET RÉELS.

ARGUMENT. Itérative explication du mot *parallaxe*. — L'ombre
du gnomon, ou style du cadran solaire, décrit la rotation de la
terre par son mouvement d'occident en orient, et sa translation
par l'alongement ou le raccourcissement de son ombre. — Le
mouvement dit *propre* du soleil est illusion dans toutes les suppositions. — Explication des diverses apparences célestes. — La
station des planètes inférieures est une illusion; mais non leur
mouvement appelé rétrograde, il est réel. — Différence entre
la quadrature des planètes supérieures, et la plus grande élongation des planètes inférieures.—C'est le mouvement de la terre
qui lui fait rencontrer les planètes supérieures après sa révolution annuelle qui fait la révolution synodique qui leur est
attribuée.

Je commence ce chapitre par une *explication*
que je crois *nécessaire*, sur ce que j'ai dit chapitre 9, relativement à la *parallaxe*. J'ai en quelque sorte particularisé son effet au mouvement
appelé *propre* du soleil, qui n'est, comme je l'ai
dit, qu'*une parallaxe*, que l'effet du changement
de position de la terre.

Mais on sent que, par cette définition, tout changement de position quelconque produit une parallaxe. La boule qui avance en tournant, pré-

sente un changement de parallaxe sur chacun de ses points, par son mouvement qui dérobe à l'œil la vue des mêmes objets pendant la moitié du temps que la boule met à tourner sur elle-même, en procurant la vue de nouveaux objets opposés à ceux que l'on cesse de voir.

Un homme placé sur un des pôles de la terre, pour voir toujours le soleil en face, serait obligé de pirouetter lentement sur lui-même; en vingt-quatre heures, il pirouetterait deux fois plus lentement que le pivot de l'aiguille des heures d'une horloge, qui fait le tour du cadran en 12 heures.

Le mouvement apparent du soleil produit une *parallaxe* sur l'ombre du style du cadran solaire, et le mouvement réel de l'ombre en produit une sur l'œil qui la suit; de sorte qu'on peut dire qu'un *mouvement apparent* en *occasionne de réels:* la marche de l'ombre est réelle; le mouvement qu'elle fait faire à nos yeux pour la suivre, est réel; le mouvement du soleil, qui produit ces mouvemens réels, est une illusion dont le mouvement réel de la terre est la seule cause.

Mais la parallaxe du mouvement dit *propre* du soleil est, de toutes les illusions, la plus incontestable; car si la terre est *immobile* et *centrale,* le mouvement apparent du soleil est son mouvement réel.

Si la terre est *mobile,* le soleil n'est que *l'astre central,* le *jalon universel* de toutes les planètes tournant autour de lui. Ainsi je prouve que le mouvement *propre* du soleil est celui qui, *seul*, ne peut lui être *propre*, qu'il n'est, par le mouvement réel, qu'une *parallaxe* du mouvement de la terre ; et par le mouvement apparent, que l'effet de la marche des étoiles fixes, qui ont quatre minutes de vitesse de plus que le soleil toutes les vingt-quatre heures. Rien n'est plus clair.

Le lecteur sera indulgent pour les répétitions qui se trouveront dans le travail de celui qui se rend auteur à soixante-sept ans, pour réformer les élémens de la plus haute des sciences, de la plus compliquée, et par conséquent de la plus abstraite, afin d'en rendre l'étude plus facile et la connaissance plus générale.

Je passe au sujet de ce chapitre : c'est l'analogie *des stations et des mouvemens rétrogrades aperçus sur des objets mobiles sur la terre*, comparée avec semblables effets sur les astres auxquels on reconnaît un mouvement *propre* ou *réel*; apparences semblables, qui ont semblables causes; *mouvement réel de la terre qui nous transporte dans l'espace*, comme une voiture quelconque nous transporte d'un lieu à un autre.

Précisons les effets dont l'apparence et la comparaison nous occupe.

1° Le mouvement réel, ou dit *propre*, de toutes les planètes, se fait de droite à gauche, ou d'occident en orient.

2º On appelle *station*, l'apparence de l'immobilité momentanée d'une planète.

3º On dit *rétrograde*, le mouvement d'une planète qui semble se mouvoir momentanément à
l'opposé de son mouvement réel. On sentira aisément *que le mouvement rétrograde du mouvement propre n'est qu'une accélération du mouvement apparent du même astre.*

4º Le mouvement rétrograde des planètes
commence *par leur station, et finit de même.*

5º Le soleil, la lune, ni les étoiles fixes, n'ont
ni station ni rétrogadation. Cependant le soleil
paraît stationnaire à chaque solstice ; son ascension est très-faible et devient nulle, en traversant
le point solsticial, où le *sinus* de l'aire solsticiale,
devient *co-sinus* de l'aire opposée.

Parce que, premièrement, le soleil, astre central,
autour duquel tourne la terre, est toujours vu
par ses habitans, à l'opposé du point du ciel où
elle est.

Secondement, la terre mobile est l'astre central du mouvement de la lune.

Troisièmement, le ciel immobile, relativement
au système planétaire, ne peut avoir que le mouvement apparent que lui prête tout astre qui tourne
autour de lui.

6º La *station* et la *rétrogadation* n'ont lieu,
pour les *planètes supérieures*, que quand la terre,
planète inférieure pour celles qui lui sont supé-

rieures, s'en rapproche pour les mettre en opposition avec le soleil, et la rétrogradation continue encore quelque temps après l'opposition,
après que la terre a dépassé la planète supérieure.

L'opposition arrive donc, quand la terre, planète inférieure, est en conjonction avec une planète supérieure, qu'elle a la même longitude ;
alors la planète supérieure est en opposition avec
le soleil, elle en est alors comme la terre, à 180° :
car la terre est toujours en opposition avec le soleil, puisqu'elle ne cesse de le voir toujours au
point du ciel qui lui est opposé, point du ciel
que lui cache la lumière de cet astre.

7° Les planètes supérieures sont en conjonction
avec le soleil, quand le soleil est entre une d'elles
et la terre ; alors la terre est à son plus grand éloignement de la planète, qui est de tout le diamètre de son orbite, soixante-neuf millions de lieues.

8° Les planètes inférieures n'ont point d'opposition (vu de la terre, *Mercure* met *Vénus* en
opposition avec le soleil), étant toujours en conjonction avec le soleil, n'ayant point entre elles et
le soleil d'astre intermédiaire : l'opposition des
planètes inférieures avec la terre s'appelle *conjonction supérieure*, le soleil alors étant entre elles
et la terre ; leurs conjonctions inférieures les rap-
prochent de la terre de tout le diamètre de leur
orbite.

Elles ont deux *stations* ; mais elles n'ont point

6

(aujourd'hui que leur mouvement autour du soleil est bien connu), de *rétrogradation*. La rétrogradation est *une illusion*, et la marche de la planète inférieure, alors qu'elle nous paraît rétrograde, *est une réalité* ; c'est l'effet du mouvement
circulaire, c'est l'effet de ces quatre chevaux de
bois qu'on regarde tourner dans quelques lieux
publics, ou de ce cavalier qu'on voit faire trotter
en cercle son cheval.

La figure de chacun de ces effets parfaitement
analogues à la marche des planètes inférieures,
est facile à donner, et fera mieux comprendre leur
analogie par la démonstration.

Voyez planche 2, figure 7.

EXPLICATION, Ire DÉMONSTRATION.

1° Le soleil immobile au centre.

2° Mercure, planète la plus rapprochée du soleil, étant à sa première et à sa seconde élongation, et avant sa conjonction supérieure et après.

3° Vénus est dans sa conjonction inférieure,
opposée dans sa marche à sa conjonction supérieure, et de même à sa première élongation, opposée de mouvement avec sa seconde élongation (1).

(1) La plus grande élongation est la quadrature des planètes supérieures, avec cette différence, que la quadrature partage l'orbite des planètes supérieures entre la conjonction et l'opposition,

4° La terre, d'où l'observateur examine les mouvemens des planètes inférieures autour du soleil.

EXPLICATION , IIe DÉMONSTRATION.

C. Centre d'un manège _circulaire_.

O. Observateur en dehors du manège.

A. Cheval passant de la droite à la gauche de l'observateur.

B. Cheval à l'extrémité du manège opposé à A, et allant de la gauche à la droite de l'observateur.

D. Cheval opposé à E , faisant l'ouverture d'un angle droit avec le cheval A, et paraissant suivre une ligne parallèle à celle de C, en A.

E. Cheval opposé à D , paraissant aller dans une parallèle de C en B.

Les planètes inférieures n'ont donc d'apparences illusoires _qu'à leurs stations,_ quand elles arrivent à l'une ou l'autre de _leur plus grande élongation._ Leur rétrogradation est l'effet de tout mouvement circulaire que l'on aperçoit, quand on est en dehors du cercle, et cet effet ne peut tromper que par son éloignement.

Je n'ai démontré, par la première partie de la figure, et par son explication, que l'effet du mouvement circulaire des planètes inférieures, vu de la terre, comme l'observateur, (partie 2) arrêté

et que la plus grande élongation divise, mais partage rarement l'orbite de Vénus , et jamais celle de Mercure.

6.

et par conséquent immobile, pour voir tourner les quatre chevaux de bois.

Mais la terre ne reste pas immobile pendant que l'observateur examine le mouvement des planètes inférieures. Pour avoir une idée claire du mouvement des planètes inférieures autour du soleil, il suffira de suivre avec moi le mouvement réel (planche 1re, figure 3) sous les yeux, celui de la terre et celui de Vénus, planète supérieure à Mercure.

1° Vénus reste sept mois (sept mois et demi, mais je prends un nombre rond pour ma démonstration qui est sans précision) à tourner autour du ciel et du soleil, tous deux également immobiles, relativement au système planétaire.

2° La terre met un an (12 mois) à décrire une circonférence presque parallèle à celle de Vénus, dans toute son étendue : sa vitesse est donc de cinq douzièmes de moins (la moitié plus un douzième environ), la terre 365 jours ; Vénus 224.

3° Supposons que ces deux astres partent en même temps du même point du ciel, de zéro du signe du bélier, Vénus y reviendra dans sept mois ; mais dans sept mois, la terre n'aura parcouru que sept signes, elle sera à zéro du signe du scorpion.

Vénus a recommencé sa route sans s'arrêter, et dans sept autres mois, elle se retrouvera au bélier. Mais sept et sept font quatorze ; dans quatorze mois, la terre aura fait sa révolution, et parcouru deux signes de plus ; elle sera à zéro du troisième signe ou des *gémeaux*. Là , elle a deux mois en avance sur *Vénus* ; mais quand la terre aura parcouru cinq autres signes, qu'elle sera près du huitième , Vénus la rattrapera et arrivera en conjonction, inférieure après dix-neuf mois, et dans un signe presque opposé à celui où étoit arrivée la précédente conjonction, à *zéro du bélier*.

Observons ici que les astres ne se rencontrent que très-rarement de la même manière, et par conséquent aux mêmes points du ciel, par la *différence de leur vitesse*, et encore *par la différence d'obliquité et d'excentricité de leur orbite*. Cependant nos *astronomes, grands géomètres*, calculent *sans erreur* le retour éloigné de ces époques , par la connaissance de l'*irrégularité régulière* du mouvement des astres, et de la connaissance de la cause des légères perturbations qu'ils éprouvent. Ces calculs précis, et savans sous tant de rapports, appartiennent à la haute astronomie ; mais ce qui est de mon ressort, c'est de prouver que ces savans calculs ne peuvent se faire que par la mobilité de la terre.

Ce n'est que très-rarement, que les trois centres de la terre, d'une des planètes inférieures et du soleil , se rencontrent sur une même ligne dans leur conjonction inférieure, où, alors chaque planète inférieure paraîtra comme une tache mo-

bile passant sur le soleil ; différente, par cette mobilité , des taches adhérentes que l'on voit souvent sur le soleil , et qui, par leur adhérence , ont
fait connaître sa rotation.

Suivons sur la planche 2 , figure 8, *la terre et
Vénus* autour du soleil , afin de rendre plus sen-
sibles tous les phénomènes que nous présentent
les planètes inférieures.

1. Soleil au centre.

2. L'observateur voit de la terre *Vénus* 3 en
conjonction supérieure.

3. Vénus en conjonction supérieure par rapport
à la terre.

2′ L'observateur voit Vénus 3′ à sa première
élongation, comme est la lune à son premier quartier ; elle lui paraît *stationnaire* , restant toutes
deux quelques jours au même point du ciel, 4.*.

3′ *Vénus* à sa première élongation, stationnaire
entre la terre et l'étoile 4.*.

4* Étoile à l'extrémité d'une même ligne , avec
Vénus au centre, et *la terre* à l'autre extrémité.

2″ La terre ne voit plus *Vénus* , si son centre
n'est pas sur une même ligne avec le centre du soleil et celui de la terre ; elle est cachée dans les
rayons du soleil. Sa conjonction inférieure *arrive
à très-peu près tous les huit ans, après cinq conjonctions dans les mêmes lieux du ciel. (Uranographie* de M. Francœur, page 112.) Aussi, quand
la conjonction inférieure arrive tous les huit ans

en décembre, où la terre se rapproche du soleil, et par conséquent de l'orbite de Vénus, d'un 30ᵉ, la planète est plus grande et plus brillante.

3.″ Vénus en conjonction inférieure, cachée dans les rayons du soleil, ou tache ronde et noire et mobile, traversant le disque du soleil, si son centre est sur une même ligne, avec le centre du soleil et de la terre, ou approchant du centre, joignant au moins les trois disques, en un endroit quelconque de chacun des trois.

2‴ La terre, après la conjonction inférieure, est précédée par *Vénus*, qui va plus vite qu'elle, et semble rétrograder par l'effet du mouvement circulaire. Elle voit Vénus 3‴ à sa seconde élongation, marchant vers sa conjonction supérieure, ayant alors la forme de la lune à son premier quartier; mais sa demie circonférence est opposée à celle de sa première élongation.

3‴ *Vénus* à sa seconde élongation, paraissant stationnaire sur une même ligne entre la terre et une étoile * 5.

Après la seconde élongation, elle retourne à la conjonction, elle paraît directe comme elle l'est et l'était après sa première et avant sa seconde élongation.

Mercure présente absolument les mêmes phénomènes; mais quoique ses retours soient plus fréquens, on l'observe plus rarement, parce que, par l'effet de l'obliquité de l'orbite de la terre d'où on

l'observe, et du sien, et par la différence de la position des deux astres à chaque retour de Mercure en conjonction inférieure, il n'est pas toujours
assez élevé sur l'horizon, pour être soustrait aux
rayons du soleil, qui le dérobent à la vue des habitans de la terre (1); et puis, pendant le peu de
temps qu'il est visible, le ciel est rarement sans
nuages à Paris, à l'élévation où l'on peut l'apercevoir au-dessus de l'horizon. Cependant je l'ai
vu souvent; son croissant est toujours informe,
jamais évidé, échancré comme celui de *Vénus*,
se rapprochant du soleil; et la cause en est que,
plus rapproché du soleil, les rayons de cet astre
l'enveloppent plus tôt.

9° La station est l'apparence de l'immobilité
momentanée de deux astres au même point du ciel,
par l'effet de la gravitation circulaire de l'astre inférieur, décrivant une orbite plus petite que celle
de l'astre supérieur, dont l'orbite qui circonscrit
la sienne, et sur laquelle l'astre supérieur se meut
avec moins de vitesse que l'astre inférieur sur la
sienne, et par conséquent le dernier, le voit quelque
temps vers le même point du ciel, où il passe en
avançant et laissant l'astre en arrière.

(1) Cette planète est actuellement sur l'horizon, visible après
le coucher du soleil. Elle est, au moment où j'écris cette note
(22 mai 1829), à 17° du troisième signe, constellation du Tau-
reau. Elle sera visible jusqu'au 16 juin au moins. On la voit rarement à Paris.

Ainsi, sur mer, deux vaisseaux éloignés sur une même ligne latérale, allant dans le même sens, et avec une même vitesse quelques instans, paraissent immobiles l'un à l'autre.

Ainsi, deux vaisseaux éloignés sur une même ligne directe, voguant vers le même port, paraissent en repos l'un à l'autre, jusqu'à ce que leur rapprochement rende leur mouvement l'un à l'autre sensible.

10° La rétrogradation apparente des astres est l'effet du moins de vitesse de l'astre supérieur qui a en outre une plus grande orbite à parcourir, puisqu'il circonscrit l'orbite de l'astre inférieur. Par l'effet du plus de vitesse de ce dernier, aussitôt après qu'il a rencontré l'astre supérieur sur une même ligne avec une étoile, que les deux astres suivent quelque temps, commence la *rétrogradation;* illusion produite par la vue des étoiles qui étaient en arrière de l'astre supérieur, et qui paraissent passer en avant par le rapprochement de la terre, qui se place entre le soleil et l'astre supérieur, qu'elle met en opposition (1).

---

(1) C'est le cas de faire remarquer une autre erreur dans l'enseignement élémentaire de l'astronomie.

La sphère céleste et les étoiles fixes étant immobiles relativement au système planétaire, étant en dehors de toutes leurs orbites, le mouvement sidéral du système planétaire est le plus court quant à la rotation des planètes, parce qu'elles avancent en tournant un peu plus, pour se retrouver au même point avec l'astre central,

L'opposition passée, la rétrogradation continue, les étoiles en arrière de la planète supérieure paraissent en avant d'elle dans l'ordre des signes, jusqu'à la seconde station. Alors l'orbite circulaire que la terre décrit, change la direction de la vue, à l'égard de la planète supérieure que la terre a dépassée; sa marche paraît directe, la vitesse de

ce qui fait que l'année solaire ou synodique a un jour de moins que l'année sidérale, quoique presque égale en temps.

La révolution sidérale est le retour d'une planète au même point du ciel, c'est son année, sa révolution entière sur son orbite.

Par l'effet de la précession des équinoxes, cette entière révolution doit être retardée, et plus longue, pour les autres planètes, comme elle l'est pour la terre, relativement au ciel, et plus courte quant à l'astre central, qu'elle retrouve avant que d'avoir achevé de parcourir son orbite.

Mais il est une révolution réciproque de la terre sur chaque planète, qu'on attribue entièrement, comme apparente, aux planètes supérieures autour de la terre. C'est ce qu'on appelle leur *révolution synodique.*

Il importe de donner une idée juste de cette révolution réciproque et réelle. C'est toujours l'astre inférieur qui rencontre, par l'effet de sa plus grande vitesse, et d'une orbite moins étendue, l'astre supérieur ; (ici je prends ces révolutions dans l'*Uranographie* de M. Francœur.)

Mercure rencontre l'étoile tous les quatre-vingt-huit jours, et la terre tous les cent seize jours.

Nota. [Si la terre était immobile et centrale, les planètes la rencontreraient à fort peu près dans le même nombre de jours que l'étoile, et plus tôt que le soleil, astre supérieur alors.]

La terre rencontre Mars tous les sept cent quatre-vingts jours, et Mars en met six cent quatre-vingt-sept à rencontrer l'étoile. Il est trop rapproché de la terre, pour que le mouvement sidéral soit plus long que le mouvement synodique, la terre a

la terre la ramène en conjonction , et elle paraît
toujours directe , jusqu'à ce que , par cette même
vitesse, la terre la ramène dans la position que j'ai
décrite.

Mais l'excentricité des orbites, la différence de
temps que chaque astre met à parcourir son orbite , inégale en grandeur avec celles des autres
astres , et la distance des deux astres , font que

fait presque deux révolutions, quand Mars a fait son mouvement
sidéral ou annuel.

La terre rencontre Jupiter tous les 399 jours , et Jupiter met
4,332 jours (près de 12 ans) à rencontrer l'étoile.

La terre rencontre Saturne tous les 378 jours (un an et 13
jours) , et Saturne met 10,759 jours (près de 30 ans) à rencontrer , à revenir à l'étoile.

Je crois cette manière d'exposer la révolution synodique des
planètes avec la terre , plus élémentaire , plus instructive et plus
exacte. Saturne, qui met près de 30 ans à faire sa révolution , ne
peut rencontrer la terre en un an et 13 jours , mais il est rencontré et dépassé 29 fois par elle : c'est elle qui le rencontre tous
les ans , plus 13 jours ; elle parcourt en 13 jours l'arc qu'il met un
an à parcourir.

La terre met un an (365 jours) à faire sa révolution , plus un
an et 10 jours pour atteindre Mars , parce que Mars, dans la première année, n'a pas fait la moitié de la révolution de la terre ;
il était en opposition avec elle à près 180° de longitude, et quand la
terre a achevé ses deux révolutions, il lui faut encore 10 jours
pour atteindre Mars , et le laisser aussitôt en arrière.

Dans un an, Jupiter n'a guère fait qu'un 1/12 de sa révolution,
et quand la terre a fait la sienne , il lui faut encore 28 à 29 jours ,
près d'un mois, pour l'atteindre.

C'est dans l'opposition des planètes que la terre en est le plus
rapprochée , et c'est par conséquent le moment où elles sont plus
brillantes et plus volumineuses , c'est l'instant le plus favorable
pour les observer au moyen d'une lunette ou d'un télescope.

l'opposition n'arrive jamais dans les mêmes points des deux orbites, ni par conséquent les stations et rétrogradations qui précèdent et qui ont lieu, même quelque temps après l'opposition.

Plus l'orbite des planètes supérieures est rapprochée de la terre, plus l'arc de rétrogradation contient de degrés, moins grands sont les degrés, plus ouvert est l'angle de cet arc, et moins grande est sa durée, parce que l'orbite de Jupiter est plus étendue que celle de Mars, puisqu'elle le circonscrit, et l'orbite de Saturne plus grande que celle de Jupiter, par la même raison.

J'extrais de la savante *Uranographie* de M. Francœur, que je mets si souvent à contribution (c'est mon dictionnaire astronomique), l'étendue de l'arc, et la durée de ces rétrogradations, et la distance du soleil à la station de chaque planète.

RÉTROGRADATION.

	ARCS.	DURÉES.	DISTANCE DU SOLEIL A LA STATION.
Mercure. .	. . . . .	. . . .	18° 12'
Vénus.. . .	. . . . .	. . . .	28° 51'
La Terre. .	. . . . .	. . . .	. . . . . .
Mars.. . . .	14° 41'	72 jours 8 heures.	136° 12'
Jupiter. . .	9 55'	120 *id.* 7 *id.*	115° 35'
Saturne.. .	6 47	137 *id.* 6 *id.*	108° 47'

Le diamètre de l'orbite de Saturne, la plus éloi-

gnée des planètes supérieures visibles à l'œil nu,
est de 650,000,000 de lieues, tandis que celui de
Mars, la planète supérieure la plus rapprochée
de la terre, n'est que de 100,000,000 de lieues,
nombre rond sans fraction.

L'arc de rétrogradation de Mars est de 14° ;
celui de Saturne n'est que de 6° ; mais le diamètre de son orbite est six fois plus grand que celui
de Mars, les degrés sont dans la même proportion ;
et puis, plus la planète est supérieure, plus elle est
éloignée de la terre, moins la courbure de la terre
s'interpose entre elle et l'œil de l'observateur ; on
la voit plus éloignée, et par conséquent plus tôt.

Je vais terminer ce chapitre par la figure de la
rétrogradation de Jupiter, et par son explication,
toutes deux extraites de l'*Uranographie* (page
127, figure 20, planche 2), si souvent citée dans
mon travail. (Voyez planche 2, figure 9.)

« Soit E G I, l'orbite de Jupiter, A F C D l'é-
» cliptique ; l'un se meut de E vers G I…. la terre
» selon A F E T, dans le même sens, ou d'occident
» en orient ; mais celle-ci va bien plus vite, puis-
» qu'elle fait près de douze tours entiers contre un
» seul de Jupiter. Si la terre est en F et Jupiter en
» G, le rayon visuel F G., prolongé en G″ jusqu'au
» firmament, donne le lieu apparent de la planète.

» Si donc on prend la terre en E et Jupiter en E,
» le rayon visuel étant tangent à l'écliptique, il nous
» paraîtra stationnaire en E, parce que la terre dé-

» crit E E dans la direction de ce rayon, tandis
» que la planète peut être considérée comme im-
» mobile.

   » Soient E D et CE deux arcs décrits en même
» temps, le deuxième est d'un nombre de degrés
» douze fois moindre, et la planète semble par-
» courir dans le ciel l'arc de gauche à droite; de
» même, lorsque la terre arrive enT, Jupiter est
» en T à l'opposition, et semble être *passé* en *t'*.
» Ainsi, quoique le mouvement de la planète ait
» lieu dans le même sens, il nous paraît dirigé en
» sens contraire. » (Voilà la rétrogradation, illusion que ne nous présentent point les planètes
inférieures; tout est réel dans leur apparence,
excepté leur station.)

   « En C, le rayon visuel C c est de nouveau
» tangent à l'écliptique; la rétrogradation s'est
» continuée en C', et l'astre semble stationnaire;
» mais bientôt le rayon visuel B b b', A a a'.....
» se rejette en sens contraire; ainsi, l'astre qui a
» paru passer de E' en d' c', revient de c' en b'
» a'..... la rétrogradation n'a donc lieu que vers
» l'époque où l'astre est en opposition. Elle est
» précédée et suivie de l'état stationnaire. »

   Amateur de l'astronomie, disciple qui fut inconnu à ces grands astronomes, les *Laplace*, les
Delambre, et qui l'est également à leurs dignes
successeurs, les *Arago*, les *Biot*, les *Francœur*,
etc., je puis les contredire dans ces élémens sur les-

quels, devenus astronomes, ils n'ont plus jeté un
regard rétrograde. Mais impuissant bourdon, je
ne viens pas fredonner des larcins, ni altérer le
miel de l'industrieuse abeille : satisfait, au contraire, si mes observations, accueillies par nos illustres maîtres, me font bientôt trouver dans leurs
jeunes élèves des rivaux qui en cachent la source,
en rendant inutile la publication du travail dont
cet opuscule est l'analyse ; ce qui me permettra
néanmoins de m'appliquer ces vers de l'illustre
vieillard dont j'ai été le jeune contemporain.

« Heureux qui, jusqu'au temps du terme de sa vie,
» Des beaux-arts amoureux, *cultive quelques fruits :*
» *Oubliant l'injustice et charmant ses ennuis,*
» Il pardonne *aux méchans, gémit* de leur délire,
» Et de sa main mourante il touche encor sa lyre. »

CHAPITRE XIII.

PROBLÈME OU PROPOSITION A RÉSOUDRE.

Est-ce le soleil ou la terre qui parcourent l'é-
cliptique? Est-ce la terre ou le soleil qui est placé
au centre du mouvement circulaire de toutes les
planètes ?

Principes ou bases de la résolution de cette
double proposition.

1° L'astre qui est immobile et central est celui
autour duquel chaque astre en mouvement achève
sa révolution circulaire, avant que de se rencontrer avec un autre en mouvement comme lui autour du même astre, mais à différens éloignemens,
et chacun ayant une vitesse différente.

2° Un astre n'est point immobile, si les êtres in-
telligens placés sur sa surface remarquent plusieurs mouvemens opposés aux planètes qu'ils
aperçoivent dans l'espace, ainsi que si elles leur

paraissent quelque temps stationnaires, ou prendre quelquefois une marche rétrograde ; ce sont alors des illusions produites par le mouvement réel de l'astre, qui porte et transporte les observateurs.

3° Tout corps céleste qui tourne autour d'un autre, a ses mouvemens réguliers, ou ses irrégularités ont une cause (telle que l'attraction), qui rend ces irrégularités régulières, et par conséquent calculables, ainsi que ses perturbations, quand la cause en est également connue.

4° D'après les effets de l'attraction, d'après les effets particuliers de l'aimant, les corps réciproquement *attirans*, *attirés*, *gravitent*, *tombent*, sont *retenus* ou *contenus* par la plus forte masse, qui par conséquent est centrale.

« Les corps s'attirent réciproquement, mais en » raison directe de leur masse, et inverse du carré » de leur distance. »

Je ne connais pas d'exception à cette loi, qui s'applique aux effets de l'aimant et de l'électricité, et même à la convergence de la chaleur et de la lumière.

5° Quand l'analogie la plus parfaite nous fait connaître l'*inconnu* par le *connu*;

Quand toutes les lois de la physique s'accordent avec cette connaissance de l'*inconnu* par le *connu*;

Quand les calculs les plus savans, les plus exacts, les plus analogues au *connu*, comme à l'*inconnu*,

7

prouvent de la même manière des faits parfaitement analogues *dans leurs effets et dans leur
cause :*

Alors l'*évidence mathématique,* jointe à la *cer-
titude physique*, démontre d'autant plus sûre-
ment la vérité que l'on cherche, que toutes les
hypothèses contraires à celles ainsi prouvées, sont
en opposition avec tous les principes de la physique et de la mécanique, n'ont aucune analogie
avec les faits connus, n'existent que par des suppositions absurdes, quoique ingénieuses, puisqu'elles sont sans base, sans fondement, *et que
n'ayant aucun analogue, elles ne peuvent être ap-
puyées par la comparaison, ni démontrées par le
calcul.*

Le mouvement des astres par la *Connaissance
des Temps* en juin, juillet, janvier et décembre
1829, va, par de nouvelles preuves, confirmer
tout ce que j'ai avancé.

Iʳᵉ OBSERVATION.

Mouvement de la terre ou du soleil sur l'écliptique.

L'écliptique est l'orbite de la terre ou du soleil,
tracée dans l'espace par les étoiles fixes, par l'effet
de leur incommensurable éloignement.

Placé sur la terre, l'homme ne peut connaître
son déplacement que par le déplacement réel

ou apparent des astres qu'elle circonscrit, et de ceux qui la circonscrivent, si elle n'est *pas centre immobile de tous.*

Ce déplacement des astres environnans est *apparent* ou *réel.*

Apparent, c'est une *parallaxe*, dont la cause est dans *la mobilité de la terre,* qui porte et transporte l'observateur.

Réel, c'est l'effet de *l'immobilité de la terre.*

Nunquàm in eodem statu permanet. « Rien ne demeure dans le même état, » dit l'Esprit-Saint; et vous voulez qu'il puisse y avoir quelque chose d'immobile dans l'univers!!!

Et si rien n'est immobile, la terre qui vous porte étant en mouvement, tout ce que vous voyez se mouvoir en dehors de la terre, est un *mouvement illusoire,* une *apparence opposée à la vérité.*

Mânes de l'illustre *Laplace* et de l'illustre *Delambre;* et vous, leurs dignes successeurs, *Arago, Biot, Puissant, Francœur,* etc., voilà vos principes que je professe avec infiniment moins de science que vous, mais avec plus de conviction, *parce que mon esprit en est uniquement préoccupé.*

Connaissance des Temps de 1829, page 68 et suivantes, colonne des longitudes. (Suivez la marche du soleil, de la terre et des planètes, sur les figures de la 1ʳᵉ planche.)

7.

Le lundi 1ᵉʳ juin, le soleil sera (1) observé à 10º 38' 39" du 3ᵉ signe.

Le 30 du même mois, il sera à 8º 20' 1" du 4ᵉ signe.

Sera-ce le soleil qui aura parcouru les 27º 41' 52" des 360º qui divisent la circonférence de l'écliptique, ou sera-ce la terre qui les parcourra dans les signes opposés? Avant de résoudre cette question, poursuivons :

Le mercredi 1ᵉʳ juillet, le soleil paraîtra à 9º 17' 15" du 4ᵉ signe, et le 31 du même mois, il se verra à 7º 55' 20" du 5ᵉ signe.

Sera-ce le soleil qui aura parcouru les 29º 35' 19", ou la terre dans les signes opposés?

Arrêtons-nous ici pour faire une observation dont les conséquences ajoutent une nouvelle preuve également *irrécusable*, à toutes celles déjà données.

Le soleil en juin ne parcourra que 27º 41' 52" d'espace, et en juillet, il en parcourra 29º 35' 20", ce qui fait en juillet 1º 53' 29" de plus qu'en juin.

Il est vrai que juin n'a que 30 jours, et que juillet en a 31; mais en divisant 27º 41' 52" en 30 jours, nous aurons par jour 55', et en divisant 29º 35' 20" par 31 jours, nous aurons par jour 56' : le jour astronomique est donc plus grand en juillet qu'en juin, d'une minute.

(1) Je parle au futur, parce que je croyais pouvoir faire paraître cet ouvrage avant juin.

Avant de rechercher la cause de ce fait, voyons si, quand le soleil, dans la même année 1829, a parcouru les signes opposés à juin en décembre, et a parcouru les signes opposés à juillet en janvier, les jours *astronomiques* ne sont pas encore plus longs que dans ces deux mois d'été opposés.

1° Le soleil a commencé l'année 1829, le 1er janvier, à 10° 53′ 45″ du 10e signe, et le 31, il était à 11° 26′ 10″ du 11e signe; il avait donc parcouru 30° 32′ 25″, qui, divisés par 31, nombre des jours de janvier, donnent 59′, nombre rond.

Janvier, même nombre de jours que juillet, a donc 3′ de plus que juillet; il est donc plus long de 3′ que juillet, et de 4′ que juin, qui n'a que 55′ de degrés par jour : passons à décembre.

2° Le 1er décembre, le soleil paraîtra à 9° 4′ 52″ du 9e signe, et le 31 décembre il sera à 9° 37′ 40″ du 10e signe; il parcourra donc 29° 42′ 32″, qui, divisés par 31, nombre des jours du mois, donnent par jour astronomique, 58′ de degrés; 3′ plus qu'en juin, et 2′ de plus qu'en juillet.

Les jours astronomiques sont donc plus longs en janvier et en décembre qu'en juillet et qu'en juin.

Les astronomes ont attribué à l'*attraction* cette différence dans la marche *apparente* du soleil et *réelle* de la terre, et dans la différence de la longueur des jours.

L'attraction vient donc, par ses effets, *par ses*

lois, ajouter une nouvelle preuve, *certaine, irré-cusable,* de la mobilité de la terre; car la masse du soleil, près de 400,000 fois plus forte que celle de la terre, l'*agite,* et ne peut être que faiblement *agitée* par la sienne.

L'attraction est réciproque ; *elle a lieu en raison directe des masses, et inverse du carré de la distance.*

L'attraction magnétique, l'attraction électri-que, sont gouvernées par cette loi, et confirment cette preuve.

Je conclus de ces faits bien constans, *que l'at-traction est une nouvelle preuve de la mobilité de la terre,* et de l'immobilité relative du soleil, centre du système planétaire.

2ᵉ OBSERVATION.

Mouvement de la lune autour de la terre, et avec elle autour du soleil.

La lune est-elle satellite attaché à la terre, pla-nète principale, par les lois de l'attraction, lui étant inférieure 68 fois en masse et 49 fois en vo-lume, et tournant avec elle autour du soleil?

Ou est-elle la planète la plus rapprochée de la terre *immobile,* et tournant autour d'elle?

1º En tournant autour de la terre en 29 jours et demi environ, elle se retrouve constamment entre la terre et le soleil, *conjonction* appelée *néo-ménie*, et plus ordinairement *nouvelle lune*.

2° Faire bien attention qu'elle se retrouve tous les 27 jours et un tiers en conjonction avec la même étoile, ce qui prouve qu'elle a fait sa révolution sidérale, ou le *tour de la sphère céleste*, qui est en dehors de la circonférence qu'elle décrit autour de la terre, et en dehors encore de la circonférence que le soleil décrit autour d'elle et de la terre, ou de celle qu'avec la terre, la lune décrit autour du soleil.

DILEMME.

Ou le ciel tourne aussi vite que la lune autour de la *terre immobile et centrale;*

Ou la sphère céleste est immobile, et la lune suit, en tournant sans rotation, la terre mobile, autour du soleil *immobile*. De même, en raison de l'effet de la translation du mouvement des deux astres, la lune ne se rencontre entre la terre mobile et le soleil immobile et central, qu'après avoir rencontré l'étoile qui est en dehors de la circonférence qu'elle décrit, et par conséquent après avoir achevé de décrire la circonférence entière du ciel.

Remarquons bien qu'en adoptant ce mouvement plus qu'*inconcevable* de l'immensité de la sphère céleste autour de la terre immobile, on infirmerait encore absolument l'absurde système de *Ptolémée*. Les astres du système planétaire ne pourraient avoir de mouvement propre; leur mouvement apparent serait réel : *Démocrite* seul aurait connu le mouvement des astres.

Mais voici une preuve plus concluante encore pour la mobilité de la terre.

Le calcul du mouvement du premier satellite de Jupiter en conjonction et en opposition, a fait connaître la vitesse du mouvement de la lumière.

Sirius, l'étoile que l'on croit la plus rapprochée de la terre, met au moins trois ans à nous arriver; et par le mouvement apparent, elle tourne autour de la terre en 23 heures 56 minutes, 4 minutes plus vite que le soleil, qui, infiniment plus rapproché, ne met que 8 minutes pour envoyer sa lumière à notre œil; et la lune, encore bien plus rapprochée que le soleil de la terre, met 45 minutes de plus que le soleil à tourner autour de la terre, 49 minutes de plus que l'étoile, et sa lumière ne met pas une seconde pour arriver à notre œil.

Ainsi, avec la terre immobile, la vitesse de la lumière que les astres nous envoient, est conforme aux principes de la physique : *plus l'astre est rapproché, plus vite elle nous arrive; plus l'astre est éloigné, plus de temps elle met dans sa marche.*

La vitesse apparente de l'astre, ou plutôt son *mouvement apparent*, renverse tous les principes de la physique.

1° Plus ils sont près de la terre, plus lente est la vitesse de leur mouvement apparent autour de la terre pour ceux qui ont un mouvement propre.

2° Mais pour les astres si éloignés, qu'on ne peut distinguer leur mouvement particulier, tous tournent en 24 heures moins 4 minutes, même ces milliards d'étoiles que l'on n'aperçoit qu'à l'aide des puissans et uniques télescopes d'*Herschel*.

C'est le même effet que celui du sol, des arbres et édifices immobiles sur ce sol fuyant la voiture avec toute sa vitesse, et tous avec la même vitesse, quoiqu'à différentes distances entre eux, et par conséquent chacun à différente distance de la voiture.

Enfin, de la terre mobile, on peut voir le soleil, astre central et immobile, au point du ciel, également immobile, opposé à celui où est la terre sur l'écliptique, par l'effet de la densité diaphane de l'air qui environne la terre, et qui rapproche les corps les plus éloignés, de telle sorte qu'il semblerait qu'ils sont sur une même ligne, avec ceux plus rapprochés, effet appelé *réfraction*.

Mais de la terre immobile au centre de l'écliptique, toujours alors à 35 millions de lieues (distance moyenne) de sa circonférence, on ne verrait pas la lune, qui n'est qu'à 85 mille lieues de la terre, à 29° de l'équateur, où reposerait immobile le centre de la terre; *ce serait opposé aux lois de la réfraction qui rapproche, et qui, ici, éloignerait la lune de 35 millions de lieues, plus de*

400 *fois sa distance de la terre* : elle ne peut dé-
passer *de six degrés* environ la circonférence de
l'écliptique, que parce que la terre est sur cette
circonférence. La réfraction apporte donc une
nouvelle preuve de la mobilité de la terre.

Je pourrais multiplier encore diversement ces
preuves par la marche *héliocentrique* et *géocentrique* de toutes les planètes, d'après la connaissance des temps; mais je craindrais d'ennuyer mes
lecteurs par une accumulation de preuves super-
flues, et vu que je les ai mis sur la voie pour les
observer eux-mêmes.

Je crois, par cette analyse de mon ouvrage,
avoir rempli mon but, qui était et qui est de
prouver :

1º Que le système de Ptolémée, enseigné de
toute ancienneté connue; fondé sur des suppositions fausses, sur l'immobilité de la terre, et la
mobilité des fixes et du soleil, qui rendraient impossible *le mouvement propre ou réel des planètes,*
ne devrait pas être enseigné aujourd'hui comme
élément du mouvement réel, mais particulièrement pour en démontrer les erreurs.

2º Que les élémens du mouvement réel des planètes étaient entièrement dans l'analogie absolue
des illusions terrestres, dans notre propre mouvement, qui produit autant de *parallaxes,* et dans
les mouvemens apparens et les stations des objets
mobiles et immobiles sur la terre, quand nous

sommes transportés d'un lieu à un autre par une voiture quelconque, et que ces effets, en nous prouvant la mobilité de la terre, nous faisaient connaître l'état réel de mouvement ou de repos relatif de tous les astres, tout étant en mouvement dans l'immensité de l'étendue.

CHAPITRE XIV.

—

PLAN OU DIVISION DE L'OUVRAGE DONT J'AI DONNÉ L'ANALYSE
DES ÉLÉMENS OU DES PRINCIPES.

———

Cet ouvrage est précédé d'un dictionnaire d'environ 800 mots particuliers à l'astronomie et à la géographie, et encore aux premiers élémens de géométrie, et à quelques parties de la physique dont les connaissances succinctes, mais *claires*, *simples* et *exactes*, sont nécessaires à l'étude et à l'intelligence de l'astronomie physique.

Sa division est absolument la même que celle de l'exposition du Système du Monde. Mais comme ce savant ouvrage (mon guide, mon fanal) a été fait pour le monde savant, étant en quelque sorte le préliminaire du *Traité de mécanique céleste*, dont mes faibles connaissances en géométrie ne me permettent pas de m'occuper ; mais attendu que ma méthode est purement élémentaire, *n'est qu'un simple Rudiment d'Astronomie physique,* j'ai multiplié les chapitres, parce que j'ai dû étendre les détails élémentaires qui auraient été des *hors-d'œuvres* dans l'ouvrage de l'illustre géomètre.

Et par la même raison que mon travail n'est qu'un *Rudiment*, je l'ai renfermé dans deux livres, ne me permettant point de suivre le savant astronome dans trois livres de *principes scientifiques, d'histoire de l'astronomie* et *d'hypothèses créées par son génie et son profond savoir , sur l'avenir de la science qu'il a agrandie,* et dont je ne fais qu'essayer d'établir les vrais élémens, qui n'ont été jusqu'à présent qu'inutilement entrevus.

Quant aux opinions particulières que j'y émets, et qui sont en contradiction ou en opposition avec celles de nos savans, quelle que soit ma conviction personnelle , je les soumets à leur impartialité éclairée et fidèle à cet adage de notre droit civil (trop souvent oublié): *Si judicas, cognosce.*

Les sciences veulent la liberté, et non pas la licence. Elles furent trop long-temps comprimées, asservies par le *péripatétisme,* et cependant il est nécessaire qu'elles viennent se rattacher à un centre impartial *d'unité* et d'amélioration, et par conséquent de *novation,* afin de les empêcher de tomber dans l'anarchie ou dans la confusion , toujours fatale aux masses qu'elle divise.

CHAPITRE XV ET DERNIER.

—

DESCRIPTION D'UNE MACHINE GÉOCYCLIQUE ET HÉLIOCYCLIQUE
DE MON INVENTION.

SOMMAIRE. Avec cette machine, en changeant de place quelques-
unes des boules qui figurent les divers astres, l'on démontre
exactement le *mouvement réel* et tous les divers systèmes de
Ptolémée, de *Ticho-Brahé*, de *Longo - Montanus* et de
M. d'*Aguila*. — Jour par jour, avec la connaissance des temps,
on place tous les astres suivant leurs mouvemens respectifs autour du soleil, et relativement à la terre et aux fixes. — On démontre clairement tous les phénomènes réels et apparens. —
Au moyen d'une proportion assez juste des distances des planètes visibles au soleil et entre elles, et de son obliquité sur
l'écliptique, on connaît le *lever* et le *coucher* de tous les astres
du système planétaire; — leur *longitude, latitude, déclinaison, temps vrai, ascension droite, passage au méridien*;
leur *opposition, conjonction, élongation*, leurs nœuds,
leurs éclipses, leurs *phases*, leur *excentricité*, etc.

Dès la dernière des classes, appelée de mon
temps *philosophie*, où l'on enseignait assez suc-
cinctement la logique, la métaphysique, la physique, les mathématiques, et par suite la sphère ou
système du monde, j'ai été frappé de l'imperfec-
tion de toutes les *sphères* armillaires surchargées
de cercles absolument inutiles.

Le planétaire, sous verre, à la Bibliothèque royale, est le premier de ceux que j'aie vu, qui donne une idée assez précise du mouvement réel.

Mais j'ai été enthousiasmé, quand j'ai vu pour la première fois le géocyclique complet de M. Jambon, dont j'ai déjà parlé.

J'ai suivi long-temps le cours qu'il fait deux fois dans l'année, et que je conseille de suivre, avant que d'assister aux cours savans, quoique pour les gens du monde, que le bureau des longitudes charge ordinairement tous les ans un de ses membres de faire à l'Observatoire.

Lié d'amitié avec cet habile et estimable artiste, *professeur d'astronomie physique*, j'ai continuellement contredit sa méthode d'enseignement (qui est, comme on l'a vu, celle de nos astronomes), ainsi que sa machine pour enseigner le système de Ptolémée : machine chef-d'œuvre d'exécution, comme tous ses ouvrages, mais qui ne démontre qu'imparfaitement cet absurde système, même avec les machines séparées qu'il construit pour expliquer ce système inexplicable.

Nos discussions constantes sur ce système ont produit mon travail, qui, par conséquent, est en partie le sien, quoiqu'il soit entièrement opposé en principes à celui qu'il a fait imprimer il y a un an.

Nos discussions toujours amicales, et cependant vives, m'ont donné l'idée de faire exécuter la machine que je vais décrire, tout entière de mon invention.

M. *Candi*, tourneur, rue du Chevalier-du-Guet, vieillard de 78 ans, que j'ai eu le plaisir de connaître chez M. Jambon, est le seul qui m'ait fourni, pour une plus grande machine *héliocyclique*, deux vis insérées l'une dans l'autre, tournant également de gauche à droite: mais celle insérée dans l'autre allant en descendant, et son sommet pressant le premier pas de la seconde vis, la force de remonter. De sorte que la première descend, en formant une spirale autour de la terre, une lampe figurant le soleil, qui va du solstice d'été, en marquant l'équinoxe d'automne, au solstice d'hiver; d'où la seconde remonte la lampe en marquant l'équinoxe du printemps, *le Bélier*, au solstice d'été, d'où elle était partie.

Mais cet intéressant et laborieux vieillard n'avait pas les outils pour faire cette double vis assez grosse; c'est M. Lami, tourneur, rue des Écouffes Saint-Antoine, qui l'a très-bien exécutée, en prenant pour modèle celle de l'ingénieux vieillard, auquel j'aime à rendre ici hommage de son ouvrage.

Mais voici la description d'une machine *géocyclique* et *héliocyclique*, à volonté, et d'un usage facile et journalier.

Toutes les diverses parties de cette machine ne vont qu'à la main; mais elle a l'avantage de réunir dans un même ensemble tous les phénomènes, et puis on conçoit mieux les mouvemens que l'on fait exactement avec la main, que ceux que la manivelle fait faire.

Les machines à rouage sont des chefs-d'œuvre d'art qu'on admire.

Je crois la mienne plus utile, susceptible de grand perfectionnement et peu coûteuse.

On sentira aisément que n'étant pas *artiste*, mon invention m'a coûté cher à faire exécuter ; mais avec des perfectionnemens, je crois qu'on la ferait faire pour 5o à 6o francs.

Les artistes que j'ai employés, et dont j'ai été très-satisfait, sont M. Maheu, mécanicien, rue Basse des Ursins, quai de la Cité ; et M. Lami, tourneur, rue des Écouffes Saint-Antoine.

DESCRIPTION. (Voyez la planche 2, figure 1o.)

1. *Pied* ou *support* de la machine.

2. *Arc fixé* sur le support, dans la rainure duquel le *méridien* en cuivre, auquel est attachée par les pôles du monde toute la machine, se meut pour changer et fixer à volonté la *hauteur du pôle*.

3. *Méridien mobile* sur la rainure de l'arc 2, pour changer et fixer à volonté la hauteur du pôle. A ce méridien principal est attachée par les deux pôles toute la machine, à laquelle on peut donner le mouvement apparent de rotation autour de la terre.

4. *Méridien*, ou *colure des solstices*, attaché par les pôles du monde au méridien supérieur 3. Il coupe, lie et est lié à l'équateur et à l'écliptique, entre les équinoxes ou leurs points d'intersection, et forment tous trois la cage du système planétaire ou la circonférence de la sphère céleste. Cette cage est fixée sur le grand méridien et alors immobile : en la détachant, fixée seulement par ses pôles, elle donne à toute la machine le mouvement de rotation universel et apparent.

5 et 6. *Zénith et Nadir de Paris*, position ordinaire de la machine, qu'on peut changer et fixer à volonté par la mobilité du grand méridien, en dévissant la vis qui l'assujettit.

7. *Axe de l'écliptique et ses pôles;* c'est sur la moitié de cet axe, seule rendue visible à la vue dans la machine, que portent tous les axes des quarts de cercles ou de supports, sur lesquels est fixé et se meut chaque astre planétaire.

C'est ici qu'était la difficulté que j'ai vaincue. C'est M. *Maheu, mécanicien, rue Basse des Ursins, n° 1,* dans la Cité, qui seul m'a compris, et exécuté très-bien mon invention, pour donner l'obliquité que doit avoir chaque planète sur l'écliptique.

Un axe est *un essieu.* Pour multiplier les axes de plusieurs quarts de cercles différemment inclinés sur un même rayon, j'ai pris autant de dames de bois avec lesquelles on joue; je les ai fixées sur le rayon ou axe de l'écliptique qui les traverse suivant l'obliquité voulue pour chacune ; j'ai fait recouvrir ces dames de plaques de cuivre, et entourer d'une rondelle mobile autour de la dame, ainsi cachée et fixée sur l'axe de l'écliptique. Le quart de cercle est vissé sur cette rondelle, et porte à son extrémité la boule qui figure l'astre, tournant obliquement autour du soleil. Une coulisse qui fixe d'une manière mobile le rayon qui porte chaque boule, et l'attache au sommet du quart de cercle, permet de figurer, de démontrer, outre *l'obliquité, l'excentricité de chaque planète.*

8. *Écliptique céleste,* faisant angle de 23 degrés 1/2 avec l'axe du monde, et partageant la bande du zodiaque, large de 16 degrés, en 8 degrés de chaque côté dans toute son étendue.

Le parallèle de l'écliptique est *la route, l'orbite* apparente du soleil, et réelle de la terre. Les deux points solsticiaux et les deux points équinoxiaux la divisent en quatre parties *à fort peu près égales ;* les solstices marquent le plus grand éloignement apparent du soleil d'un et d'autre côté de l'équateur du monde ; et les équinoxes marquent son retour sur l'équateur tous les six mois.

9. *Équateur du monde,* le soleil ou la terre, placé l'un ou l'autre à volonté sur son centre, entre les deux points d'intersection des équinoxes.

10. *Pôles de l'équateur ou du monde,* extension des pôles de la terre.

11. Ces points marquent la largeur du zodiaque.

12. *Soleil* ou *la terre*, à volonté, au centre du système planétaire.

13. *Mercure*, incliné de 7° sur l'écliptique.

14. *Vénus*, inclinée de 3° sur l'écliptique.

15. *La terre*, sur son orbite, avec la lune, son satellite, inclinée de 5° sur l'écliptique.

17. *Jupiter et ses quatre satellites*, mobiles autour de lui, et que l'on place, conformément à la *Connaissance des temps*, jour par jour, incliné de 1° sur l'écliptique.

18. *Saturne*, entouré de son anneau, et de ses satellites sans mobilité, incliné de 2° 1/2 sur l'écliptique.

DÉMONSTRATION.

Tout ne se meut qu'avec la main, c'est celui qui veut apprendre l'astronomie, qui l'apprend en plaçant les astres, guidé par la *Connaissance des temps*.

Il n'y a pas besoin de multiplier les machines, une seule lui suffit ; il voit, je le répète, l'ensemble de tous les mouvemens.

La progression proportionnelle des distances de chaque planète au soleil pourrait très-aisément être plus rigoureuse. Cependant elle est assez *précise*, pour qu'après avoir donné à la terre sa longitude exacte, opposée à celle du soleil, en plaçant chaque planète à sa longitude *héliocentrique*, au moyen d'une aiguille du diamètre de la machine, on s'assure qu'elle est aussi à sa longitude *géocentrique*.

Avec un cercle séparé qui circonscrit la machine, vous connaissez la latitude héliocentrique et géocentrique de l'astre placé à sa longitude héliocentrique.

Ce même cercle, placé parallèlement à l'équateur, vous donne sa déclinaison juste.

Vous mesurez son ascension droite.

Le cercle de fer, attaché à l'axe des deux pôles, forme un cercle horaire.

Placé parallèle à l'horizon, en multipliant les cercles et les ayant plus petits, vous représentez les almicantarats.

En l'attachant au *zénith* et au *nadir*, vous avez un cercle *vertical*.

Les petits cercles parallèles à l'équateur : Qu'on les place au-dessus ou au-dessous de l'équateur, de même que les almicantarats sur l'horizon, pour démontrer les climats.

En suivant le mouvement des astres que votre main dirige, *la Connaissance des Temps* sous les yeux, vous observez leur *passage au méridien*, leur *conjonction* et leur *opposition*, leurs *phases*, leurs *éclipses* et leurs occultations.

8.

Enfin, au lieu de prendre pour figurer la terre *un petit globe géographique*, j'ai fait faire par *M. Lami*, tourneur, rue des Écouffes Saint-Antoine, une boule de 9 lignes en ivoire, partagée par l'équateur, et divisée par les tropiques et les cercles polaires.

Un point rouge sur cette boule marque la position de Paris; un point rouge opposé marque ses antipodes.

J'ai partagé la terre par un cercle rouge, les deux points rouges sont les centres opposés ; voilà l'horizon de Paris et de ses antipodes.

Je place le point rouge de Paris à midi, en face du soleil; à minuit, je le mets à l'opposé, je meus cette boule, en divisant la journée en heures.

Elle démontre exactement *le lever*, le coucher du soleil et de tous les astres.

En un mot, je démontre avec cette machine l'état du ciel jour par jour, tel qu'il est annoncé par la Connaissance des Temps, *et exactement tel qu'on le voit sous le ciel* de Paris, si l'on place la machine au zénith de cette ville.

DIVERS MOUVEMENS.

Mettez les boules qui figurent chaque astre, telles qu'elles sont placées sur la planche 1re, figures Ire, 2e et 3e, et vous figurerez et démontrerez :

Le mouvement *réel*, le mouvement *de Ptolémée* et celui de *Tycho-Brahé*.

Sans déranger le mouvement de *Tycho-Brahé*, donnez la rotation sur elle-même à la terre, astre central, et vous démontrerez le perfectionnement fait par *Longomontanus*, au système de *Tycho-Brahé*, son maître.

Laissant encore en place le mouvement de *Tycho-Brahé, de centre*, rendez la terre *foyer excentrique*, au moyen de la coulisse, donnez-lui un mouvement concordant mais opposé à celui du soleil :

Et vous aurez le mouvement inventé par M. d'*Aguila*, ancien élève du génie, enseigné et publié par l'auteur en 1806, quand Bonaparte, après avoir rétabli la religion chrétienne, détruisait l'athéisme professé par *Lalande*, et repoussait *les jésuites* ramenés par le cardinal *Fesch*.

Son ouvrage a fait connaître un savant, mais un savant guidé par un zèle superstitieux (que l'on ne pouvait, sous Bonaparte, qualifier d'hypocrite), qui le rend plus qu'injuste envers nos savans, qu'il devait tout au moins respecter, si son zèle religieux l'empêchait de les admirer.

La terre, foyer, au lieu de centre, n'échappe à aucune des observations que j'ai faites ; elle y échappe d'autant moins, que le *soleil* est *foyer* et *non centre*, car il doit avoir une *translation*, puisqu'il a *rotation*, et que l'on ne connaît pas de *rotation* sans *translation*, quelque faible que soit cette dernière.

L'on a dû être étonné de voir, au commencement de ce siècle, un laïc attaquer ainsi le mouvement réel rappelé par l'immortel *Copernic*, lorsqu'un prince de l'église (*le cardinal de Polignac*), avant le milieu du dernier siècle, combattant en *philosophe chrétien* les erreurs de *Lucrèce*, après avoir fait l'éloge de *Copernic*, s'écriait, en parlant du célèbre *Galilée*, poursuivi par la superstition le siècle précédent, qui avait vu naître l'illustre cardinal (il naquit le 11 octobre 1661 et mourut le 20 novembre 1741) :

« Bientôt le fameux *Galilée* lui donna (au système
» de *Copernic*) par son suffrage un nouveau lustre ;
» Galilée, *la gloire de l'Étrurie*, qui le premier,
» à l'aide de télescopes , a rapproché les cieux, a
» découvert de nouveaux astres , et les satellites
» de Jupiter inconnus jusqu'alors! *Anti-Lucrèce*,
liv. 8 (1). »

(1) Quand je rappelle l'éloge *de Galilée* , par le cardinal de Polignac , je suis fâché de lire , dans la Connaissance des temps pour 1831 (addition , page 149) , et dans un rapport fait par *M. Delambre* (contenant une nouvelle preuve de la mobilité de la terre) :

« Galilée, qui s'était, avec tant d'éclat *et quelque imprudence*,
» constitué le défenseur du système de Copernic... »

Il y avait moins *d'imprudence* de 1632 à 1642, année de la

（ 121 ）

Voltaire , qui a comparé *Newton* aux dieux, et qui l'a peint ensuite comme *un fameux rêveur,* faisant tourner les astres tout autour de *rien*, n'a

mort de Galilée, à soutenir avec éclat *le mouvement réel des astres* , qu'à se mettre dans le cas , par la sagesse de ses opinions , d'être destitué en 1793.

Compensons mon accusation par ces vers de *Delille* , se faisant le disciple de son élève , dans son premier chant du poème *de la nature* :

> .... Quand je vole à la céleste voûte ,
> C'est à toi , cher *Delambre*, à diriger ma route ;
> Toi qui sus réunir , par un double pouvoir ,
> Les beaux-arts au calcul et le goût au savoir.
> L'immortel Isaac , de ses mains souveraines ,
> Des mondes étoilés te confia les rênes ;
> Viens , et , sans m'effrayer du sort de Phaéton ,
> Que je monte avec toi sur le char de Newton !
> Guide-moi , montre-moi les sphères éternelles ,
> Leurs chemins journaliers , leurs marches annuelles ;
> La gloire d'expliquer leur cours mystérieux
> Seule n'y conduit pas tes regards curieux ;
> Tu n'y vas point chercher les combats des systèmes ,
> Les nuages du doute et la nuit des problèmes ,
> *Mais la grandeur du monde et du Dieu qui l'a fait,*
> *Mais des sociétés le modèle parfait,*
> *Où , dans les rangs divers de ce brillant empire ,*
> *A l'ordre général chaque sujet conspire ;*
> *Où la comète même , objet de nos terreurs ,*
> *S'égare sans désordre et revient sans erreur.*
> Là , tu puises le beau dans sa source première ,
> Et de tous ces soleils , d'où l'ange de lumière
> Jette sur notre boue un regard de pitié ,
> *Pour toi l'attraction est encor l'amitié.*
> Je ne te suivrai pas dans cette mer profonde
> *Où chaque astre est un point, et chaque point un monde.*
> Ces sublimes objets ne sont pas faits pour moi ;
> Jadis Virgile même en recula d'effroi ;
> Épris ainsi que lui des demeures agrestes ,
> J'abandonne à ton vol les domaines célestes.

jamais affaibli le tableau qu'il fait du *cardinal de Polignac* dans *son Temple du Goût* :

« Le cardinal oracle de la France,
» Qui des savans a passé l'espérance,
» Qui les soutient, qui les anime tous,
» Qui les éclaire et qui règne sur nous
» Par les attraits de sa douce éloquence ;
» Ce cardinal qui, sur un nouveau ton,
» En vers latins fait parler la sagesse,
» Réunissant Virgile avec Platon,
» Vengeur du ciel et vainqueur de Lucrèce. »

Voltaire, mieux qu'un autre, savait que l'erreur peut entrer dans le temple du goût; aussi, à juste titre, y plaça-t-il *Lucrèce*, qui, apercevant le *cardinal de Polignac*, son vainqueur, courut à lui et lui dit :

« Aveugle que j'étais, je crus voir la nature ;
» Je marchai dans la nuit, conduit par *Epicure ;*
» J'adorai comme un dieu ce mortel orgueilleux
» Qui fit la guerre au ciel et détrôna les dieux.
» L'ame ne me parut qu'une faible étincelle
» Que l'instant du trépas dissipe dans les airs.
» Tu m'as vaincu, je cède ; *et l'ame est immortelle*
» Aussi bien que ton nom, mes écrits et tes vers. »

Temple du Goût.

Je désirerais, en rappelant les principes astro—

Les révolutions de l'empire de l'air,
Et les gardes brillans du char de Jupiter.
Mais tandis qu'à l'Olympe arrachant tous ses voiles,
Tu graveras ton nom sur le front des étoiles,
Moi, des bords d'un ruisseau te suivant dans les cieux,
De leur lumière au moins je décrirai les jeux.

nomiques de ce vrai philosophe, *disciple de ce Galilée, la gloire de l'Étrurie*, d'amener le triomphe de toutes les vérités qu'il proclame, en combattant les erreurs de celui à qui Virgile adressait ces quatre premiers vers, suivis de ceux qui fixent son opinion sur le vrai bonheur :

> « Heureux le sage instruit des lois de l'univers,
> » Dont l'ame inébranlable affronte les revers,
> » Qui regarde en pitié les fables du Ténare,
> » Et s'endort au vain bruit de l'Achéron avare !
> » *Mais plus heureux encor qui suit les douces lois*
> » *Et du dieu des troupeaux et des nymphes des bois !*
> » *La pompe des faisceaux, l'orgueil du diadème,*
> » *L'intérêt dont la voix fait taire le sang même,*
> » *Le Danube en fureur vomissant des soldats,*
> » *La grandeur des Romains, la chute des états,*
> » *Et la pitié pénible, et l'importune envie*
> » *N'altérèrent jamais le calme de sa vie.* »

Géorgiques, traduction de DELILLE.

J'ai pensé qu'il serait agréable pour mes lecteurs de voir terminer cet opuscule, orné de quelques fleurs, étrangères à l'auteur, mais appartenant à son sujet.

EVERAT, Imprimeur, rue du Cadran, n° 16.

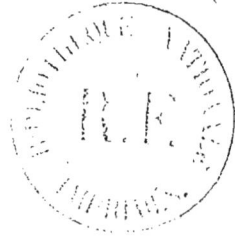

Système de Ptolémée.

Système de Tycho-Brahé.

Mouvement réel des Astres.

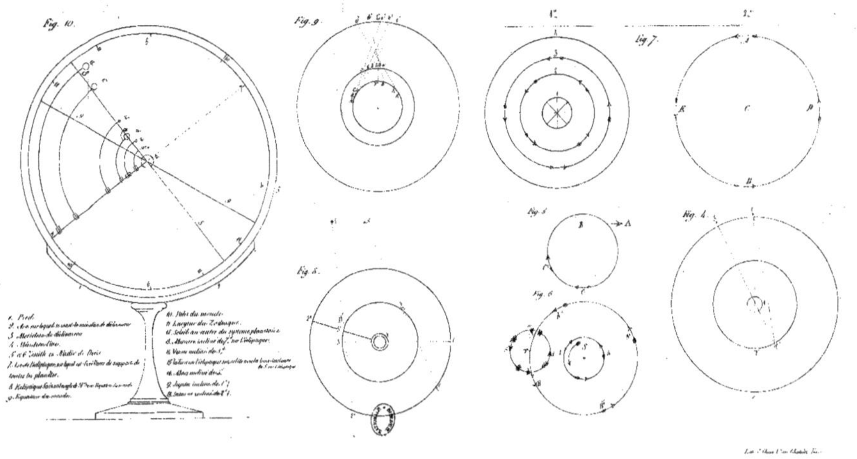

Fig. 10.

Fig. 9.

Fig. 8.

Fig. 7.

Fig. 5.

Fig. 3.

Fig. 6.

Fig. 2.

Fig. 4.

1 . Pied.
2 . Axe sur lequel se meut le méridien de déclinaison.
3 . Méridien de déclinaison.
4 . Méridien d'axe.
5 . et 6 . Zénith ou Nadir de Paris.
7 . Axe de l'écliptique sur lequel se fait la route de rapport de toutes les planètes.
8 . Écliptique de la longitude N° 1 ou l'équateur terrestre.
9 . Équateur du monde.

10 . Pôles du monde.
11 . Largeur des Tropiques.
12 . Soleil au centre du système planétaire.
13 . Mercure isolée du 1ᵉʳ sur l'écliptique.
14 . Vénus isolée du 1ᵉʳ.
15 . Vénus sur l'écliptique est celle route hors latitude de 1ᵉʳ l'écliptique.
16 . Mars isolée dérivé.
17 . Jupiter isolée du 1ᵉʳ.
18 . Satte ou satellite du 1ᵉʳ.

Lit. : Chez C. me Charles. Paris

www.ingramcontent.com/pod-product-compliance
Lightning Source LLC
Chambersburg PA
CBHW062020200326
41519CB00017B/4857